DK 668.41.001.5:539.67:621.974
679.5.001.5:539.67:612.974
539.67.001.5:679.5+668.41

FORSCHUNGSBERICHTE

DES WIRTSCHAFTS- UND VERKEHRSMINISTERIUMS

NORDRHEIN-WESTFALEN

Herausgegeben von Staatssekretär Prof. Dr. h. c. Dr. E. h. Leo Brandt

Nr. 603

Prof. Dr.-Ing. Ludolf Engel

Dr.-Ing. Jochen Foerster

Bergakademie Clausthal-Zellerfeld

Gummielastische Stoffe als Dämpfungselemente an schlagenden Werkzeugen

Als Manuskript gedruckt

WESTDEUTSCHER VERLAG / KÖLN UND OPLADEN

1958

ISBN 978-3-663-03674-6　　　ISBN 978-3-663-04863-3 (eBook)
DOI 10.1007/978-3-663-04863-3

Forschungsberichte des Wirtschafts- und Verkehrsministeriums Nordrhein-Westfalen

Gliederung

1. Vorwort .... S. 5
2. Rückschlagkräfte am Hammer .... S. 6
3. Technologische Eigenschaften von Dämpfungsstoffen (ausschliesslich Dämpfung) .... S. 9
   3.1 Elastisches Verhalten und bleibende Verformung ..... S. 9
   3.2 Härte (Weichheitszahl) .... S. 11
   3.3 Zerreißfestigkeit und Bruchdehnung mit Zug- und Dehnungsverhalten .... S. 12
   3.4 Strukturfestigkeit (Einreißwiderstand) .... S. 14
   3.5 Abriebfestigkeit .... S. 15
4. Dämpfung .... S. 19
   4.1 Erklärung der Dämpfung .... S. 19
   4.2 Theoretische Betrachtung der Dämpfung .... S. 21
   4.3 Verschiedene Einflußgrößen für das Dämpfungsverhalten . S. 24
      4.31 Weichmacher, Füllstoffe und Mischpolymerisation . S. 24
      4.32 Frequenz, Temperatur .... S. 25
      4.33 Beanspruchungsart .... S. 25
      4.34 Amplitude der Wechselbeanspruchungen .... S. 26
   4.4 Maßgrößen der Dämpfung .... S. 26
5. Entwicklung des Dämpfungsmeßverfahrens .... S. 29
   5.1 Meßverfahren 1 .... S. 30
   5.2 Meßverfahren 2 .... S. 32
   5.3 Meßverfahren 3 .... S. 33
   5.4 Meßverfahren 4 (endgültiges) .... S. 35
6. Meßapparatur .... S. 36
   6.1 Messung der Kraft .... S. 38
   6.2 Messung der Dehnung .... S. 38
7. Messungen .... S. 39
   7.1 Zusammenstellung der untersuchten Stoffe .... S. 39
   7.2 Durchführung der Meßreihen .... S. 40
   7.3 Meßergebnisse .... S. 42
8. Zusammenfassung der Untersuchungsergebnisse .... S. 44
   Literaturverzeichnis A .... S. 46
   Literaturverzeichnis B .... S. 48

Forschungsberichte des Wirtschafts- und Verkehrsministeriums Nordrhein-Westfalen

1. Vorwort

Mit Druckluft betriebene und von Hand geführte schlagende Werkzeuge (Abbauhämmer, Niethämmer, Meißelhämmer u.a.) werden in zunehmendem Maße mit gummielastischen Stoffen am Hammergriff und an anderen Stellen ausgerüstet. Diese Stoffe zeichnen sich durch eine besonders hohe Dämpfung aus. Sie sollen den Rückschlag dieser Werkzeuge, der bei den länger damit arbeitenden Menschen schwere körperliche Schädigungen hervorrufen kann, verringern. Die Dämpfung ist allgemein die zeitliche Abnahme der Amplitude einer Schwingung infolge des Überganges von Schwingungsenergie in Wärme. Sie ist bei den gummielastischen, also hochmolekularen natürlichen oder künstlichen Stoffen als hoch im Verhältnis zu Stahl zu erwarten. Das ergibt sich aus ihrer chemischen Struktur, der Beweglichkeit der Moleküle einerseits und der inneren Rückstellkraft andererseits.

Nach Aussagen der Männer, die mit schlagenden Druckluftwerkzeugen arbeiten, müßte bei Verwendung von gummielastischen Stoffen an geeigneten Stellen der Hämmer eine wesentliche Milderung des Rückschlages auf die bedienende Person zu erwarten sein. Zunächst sind jedoch diese Aussagen mit aller Vorsicht zu werten, da exakte Messungen über die Auswirkung dieser Stoffe als Dämpfungselemente noch nicht vorliegen.

Sollte eine Milderung des Rückschlages exakt nachgewiesen werden, dann ist weiter damit noch nicht gesagt, daß nun keine körperlichen Schädigungen mehr auftreten werden. Diese Frage kann nur vom Mediziner und dann voraussichtlich erst in Jahren beantwortet werden, da die Schädigungen, generell auch als Abbauhammerkrankheiten bezeichnet [4], bekanntlich erst nach vielen Jahren auftreten. Außerdem erleiden nicht alle mit Preßlufthämmern Arbeitenden Schäden, es spielt also auch ein physiologischer Anlagefaktor eine Rolle.

Der Techniker hat die Aufgabe, durch zweckmässige Auslegung und Gestaltung des Presslufthammers und Auswahl der Werkstoffe, die als Dämpfungselemente an den verschiedenen Stellen der Hämmer in Frage kommen, die Rückschlagkräfte und damit die Beanspruchung des menschlichen Körpers soweit als möglich zu verringern, ohne daß dabei natürlich die Leistung der Hämmer beeinträchtigt wird. Über die Dämpfung der gummielastischen Stoffe in dem bei schlagenden Werkzeugen vorliegenden Beanspruchungsbereich ist, soweit festgestellt werden konnte, noch nichts Verlässliches bekannt.

Forschungsberichte des Wirtschafts- und Verkehrsministeriums Nordrhein-Westfalen

Die vorliegende Arbeit befasst sich daher in erster Linie mit diesem Problem.

Im folgenden Abschnitt 2 wird zur Unterrichtung ein Überblick über die am Hammer wirkenden Kräfte nach Amplitude und Frequenz gegeben.

In Abschnitt 3 werden die allgemeinen technologischen Eigenschaften von Stoffen, die als Dämpfungselemente in Hammergriffen oder an anderen Stellen des Hammers in Frage kommen, aufgeführt. Das sind elastisches Verhalten, Härte, Zerreiß-, Struktur- und Abriebfestigkeit. Die Untersuchungsmethoden hierfür werden kurz beschrieben.

In Abschnitt 4 wird für die Milderung des schädigenden Rückschlages die in erster Linie maßgebende physikalische Eigenschaft dieser Stoffe, die Dämpfung, behandelt.

In Abschnitt 5 werden zunächst drei an sich bekannte Verfahren zur Messung der Dämpfung an gummielastischen Stoffen beschrieben. Versuche ergaben, daß sich diese Meßverfahren für den vorliegenden Zweck nicht eignen. Aus dieser Erkenntnis heraus wurde das endgültige Meßverfahren 4 entwickelt.

In Abschnitt 6 wird die endgültige, neu entwickelte Meßapparatur beschrieben.

In Abschnitt 7 werden die Messungen erläutert und die wichtigsten Meßergebnisse mitgeteilt.

Abschnitt 8 bringt die Zusammenfassung der Untersuchungsergebnisse.

Mit dieser Arbeit soll für die Praxis, die dämpfungsaktive Stoffe an schlagenden oder auch schwingenden Werkzeugen oder Maschinen anwendet, das Problem umrissen werden und ihr die Auswahl dieser Stoffe für den jeweiligen Einsatz erleichtert werden. Wie sich diese Stoffe als Dämpfungselemente an den verschiedenen Stellen der Hämmer auf den Rückschlag auswirken, wird später an anderer Stelle veröffentlicht.

2. Rückschlagkräfte am Hammer

Es ist bekannt, daß die physikalischen und technologischen Eigenschaften von Werkstoffen sowohl von der Größe der wirkenden Kräfte, als auch von ihrer Frequenz abhängig sind. Daher ist es notwendig, zunächst den Bereich zu bestimmen, in dem sich die Kräfte und die Frequenzen bei den hier in Frage kommenden Hämmern, insbesondere Abbauhämmern, bewegen.

Forschungsberichte des Wirtschafts- und Verkehrsministeriums Nordrhein-Westfalen

Bisher liegen hierüber nur Messungen der zwischen Handgriff des Presslufthammers und Hand bzw. Anpreßstempel der Einspannungsvorrichtung eines Hammerprüfgerätes auftretenden Kräfte vor [1],[2],[37]. Diese wurden mit elektronischen Meßmethoden gemessen, wobei als Geber Quarzdruckdosen, Kondensatordruckdosen o.ä. verwendet wurden. Es kann aus verschiedenen Gründen, auf die hier nicht näher eingegangen werden soll, bezweifelt werden, ob mit diesen Meßverfahren exakte Meßergebnisse erzielt werden können.

Die am Hammergriff auftretenden, inneren erregenden Kräfte des Hammers sind nicht identisch mit den zwischen Hammergriff und Anpreßsystem gemessenen Kräften, da die Kraftanzeige hier von der elastisch gekoppelten Maße des Anpreßsystems abhängt. Diese am Hammergriff auftretenden erregenden Kräfte können rechnerisch in ihrer Änderung mit der Zeit ermittelt werden, wenn neben den Konstruktionsdaten des Hammers die Zeit-Weg-Kurve seines Schlagkolbens aus Messungen vorliegt [38]. Der eigentliche Schlagvorgang bleibt bei diesem rechnerischen Verfahren unberücksichtigt. Dieser erzeugt aber bei normalem Betrieb des Hammers hauptsächlich hochfrequenten Körperschall mit relativ kleiner Kraftamplitude. Von medizinischer Seite [3] wird vermutet, daß diese hochfrequenten Schwingungen mit einer Frequenz über 1 - 2 kHz für den Menschen nicht schädlich sind. Es wird angenommen, daß sie nicht bis zu den Stellen gelangen, an denen im Wesentlichen die körperlichen Schädigungen festgestellt werden (in der Reihenfolge der Erkrankungshäufigkeit: Ellenbogengelenk, Handgelenk, besonders Mondbein, Acromioclaviculargelenk). Sie treten mit relativ niedriger Amplitude auf und werden sowohl im menschlichen Gewebe als auch durch die evtl. vorhandenen Dämpfungselemente stark gedämpft.

Der in Abbildung 1 aufgezeigte, indirekt aus Messungen rechnerisch ermittelte Verlauf der Rückkraftkurve in Abhängigkeit von der Zeit bzw. von der Periodendauer, enthält im wesentlichsten die Aussagen über die Rückkraft für das vorliegende Problem [38].

Weitere Arbeiten, die z.Zt. noch nicht abgeschlossen sind, zielen darauf ab, den indirekt aus Messungen rechnerisch ermittelten Verlauf der Rückkraft durch exakte Messungen direkt nachzuweisen.

Fest steht, daß der Verlauf der Rückkraftkurve stark von dem einer Sinuskurve abweicht. Es liegt ein in erster Annäherung periodischer, aber kein harmonischer Verlauf vor. Alle Verfahren, die zur Errechnung bestimmter Größen einen sinusförmigen Verlauf der Rückkraft voraussetzen, stehen

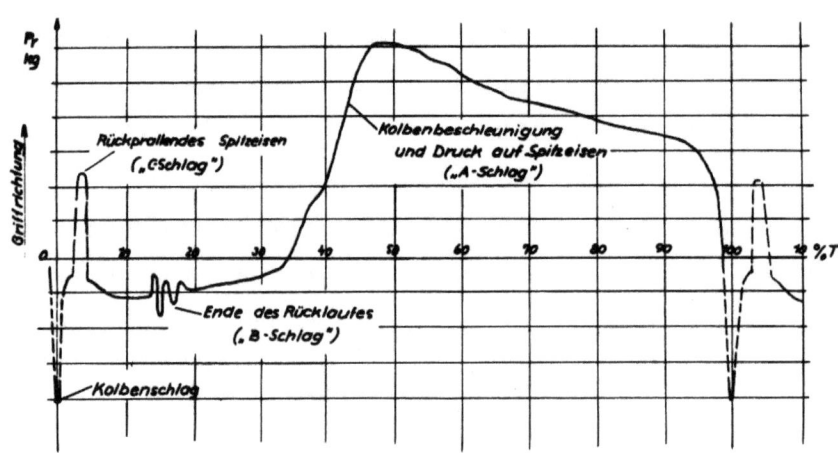

Abbildung 1
Rückkraft-Kurve

daher im Widerspruch zu den tatsächlichen Verhältnissen. Die in Abbildung 1 aufgezeigte Rückkraftkurve kann nach Fourier harmonisch analysiert werden, um daraus das Frequenzspektrum zu erhalten. Eine solche Zerlegung ist bei diesen physikalischen Vorgängen möglich und statthaft. Inwieweit sie zur Beurteilung der physiologischen Schädigungen von Interesse oder Bedeutung ist, soll nicht weiter erörtert werden. Hier soll nicht die Dämpfung des menschlichen Gewebes, sondern die von gummielastischen Stoffen untersucht werden, und dafür ist die harmonische Analyse ohne Einschränkung möglich.

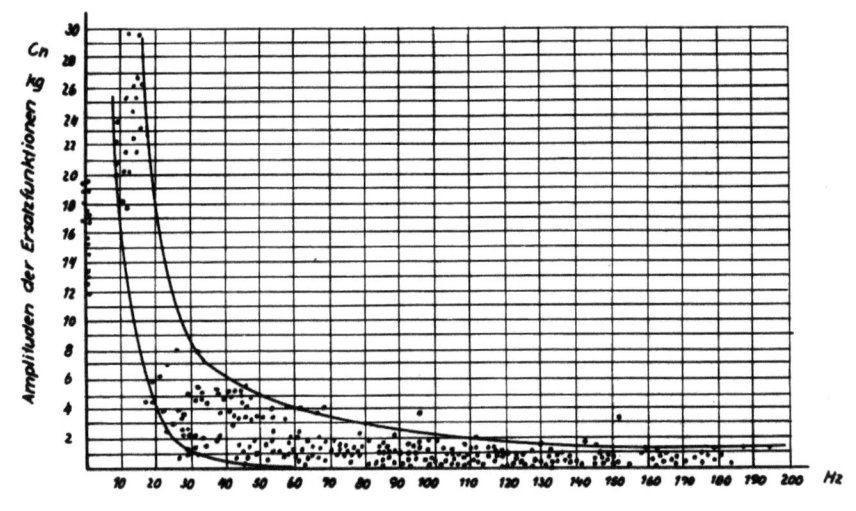

Abbildung 2
Frequenzanalyse verschiedener Rückkraft-Kurven

Die Abbildung 2 zeigt das Ergebnis der harmonischen Analyse von Rückkraftkurven einer Reihe von Hämmern, die den repräsentativen Querschnitt durch alle z.Zt. gebrauchten Hammertypen darstellt. Diese Hämmer wurden dabei jeweils unter verschiedenen Arbeitsbedingungen indiziert. Die Analyse ist bis etwa 200 Hz durchgeführt. Wie bereits erwähnt, sind die eigentlichen Schlagvorgänge, die mit Sicherheit nur Frequenzen über 200 Hz erzeugen, ausgespart.

Es zeigt sich [38], daß für alle Hammerbauarten und Einsatzbedingungen etwa gleiche Frequenzspektren erwartet werden können und keine charakteristischen Unterschiede zwischen den einzelnen Hammertypen vorhanden sind.

Mit diesen Untersuchungen und Überlegungen ist der Frequenzbereich festgelegt, über den sich die Dämpfungsuntersuchungen erstrecken müßten und sind die Kraftamplituden bestimmt, die bei den jeweiligen Frequenzen zu erwarten sind.

Frequenz: 10 Hz bis äusserst 2 kHz

Kraftamplitude:

a) in der Nähe der Grundschwingung (Schlagfrequenz) bis 30 kg

b) bei allen anderen Frequenzen bis 2 kg

3. Technologische Eigenschaften von Dämpfungsstoffen (ausschliesslich Dämpfung)

Für den technischen Einsatz von gummielastischen Stoffen an Hämmern sind nicht allein die Dämpfungswerte entscheidend. Diese Stoffe sind als Konstruktionselemente durch die Arbeitsweise der Hämmer und ihre unvermeidlich rauhe Behandlung im Betrieb hoch beansprucht. An ihre technologischen Eigenschaften wie Abriebfestigkeit, Einreißfestigkeit, Strukturfestigkeit u.a. werden hohe Anforderungen gestellt, die den Kreis der in Betracht kommenden Stoffe stark einschränken.

Die nachstehend beschriebenen Prüfverfahren für diese technologischen Eigenschaften sind z.T. für Weichgummi ausgearbeitet. Sie können grundsätzlich auch für andere elasto-plastische Kunststoffe angewendet werden. Die Resultate gelten nur für die jeweiligen Prüfbedingungen, die sich an die Beanspruchungen der Praxis angleichen.

3.1 Elastisches Verhalten und bleibende Verformung

Die deutschen Normen (DIN-Normen) [15], [16] behandeln nur statische Vorgänge mit zwei verschiedenen Bewertungsarten:

1. die Dämpfung oder den elastischen Wirkungsgrad aus der Hysteresiskurve (Spannungs-Dehnungs-Kurve)
2. die Formänderungen nach einer bestimmten Zeit bzw. nach der Zeit unendlich (bleibende Formänderung).

Es ist selbstverständlich, daß der Verlauf der Dehnung über der Zeit festgehalten werden muß, um dann bei bestimmten charakteristischen Zeitpunkten dieser Kurve die Bewertung vornehmen zu können (15 Sek., 1 Std. und 24 Std.)

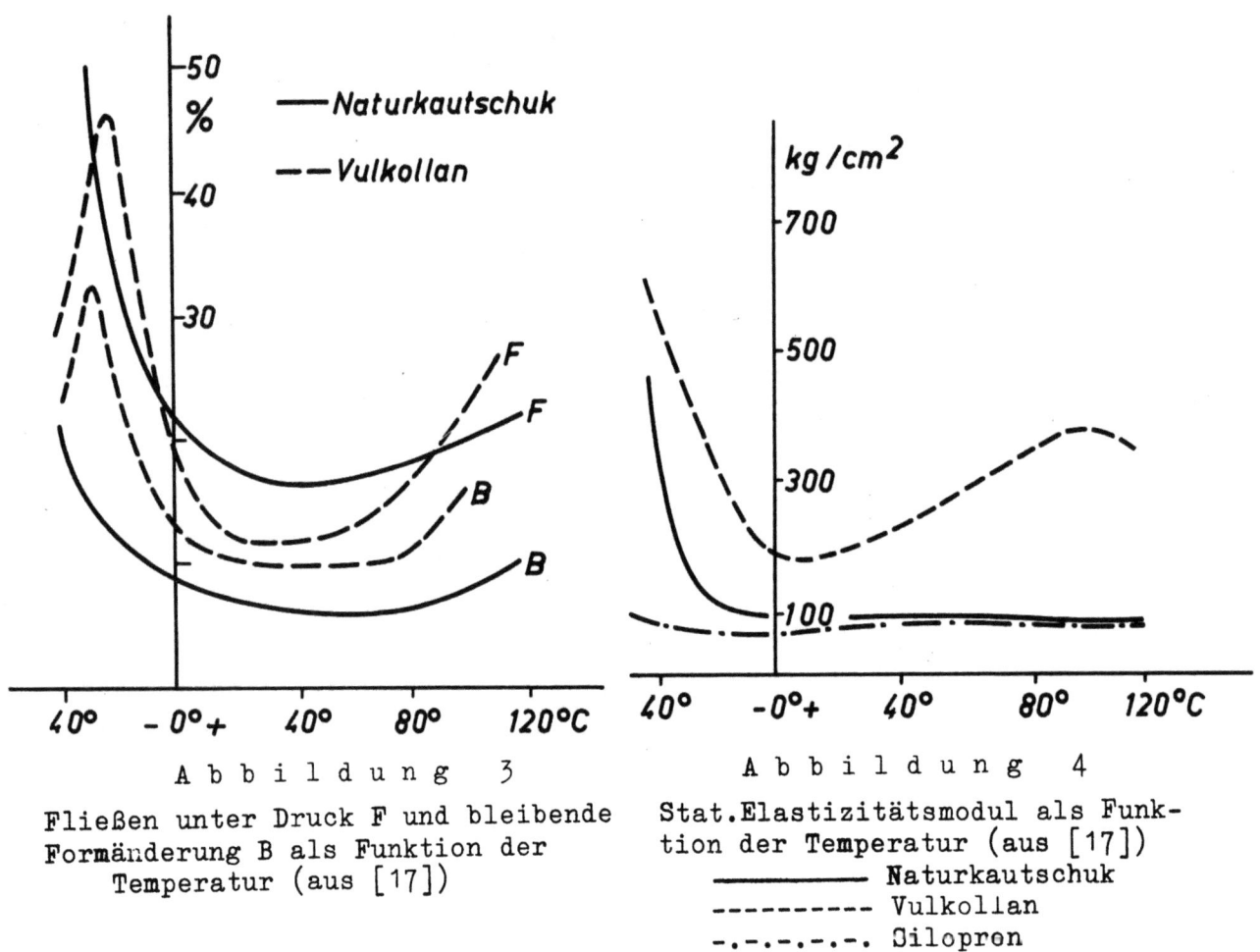

Abbildung 3
Fließen unter Druck F und bleibende Formänderung B als Funktion der Temperatur (aus [17])

Abbildung 4
Stat. Elastizitätsmodul als Funktion der Temperatur (aus [17])
——————— Naturkautschuk
---------- Vulkollan
-.-.-.-.-. Silopren

Abbildungen 3 und 4 zeigen das Fließen unter Druck, die bleibende Formänderung und den statischen Elastizitätsmodul von Vulkollan, Naturkautschuk und von Silopren bei bestimmten Bedingungen und Abmessungen als Funktion der Temperatur [17].

Das Fließen ist die Änderung der Probenabmessung eine Stunde nach Aufbringen des Druckes, bezogen auf die ursprüngliche Länge. Die bleibende Formänderung ist die Differenz zwischen der ursprünglichen Abmessung und dem eine Stunde nach der Entlastung gemessenen Wert. Der statische

E-Modul wurde aus der Verformung der ersten Belastungssekunde ermittelt [17]. Das Fließen und die bleibende Formänderung nehmen bei gleichen Temperaturen maximale Werte an, ebenso die Dämpfung bei den in Abschnitt 4.1 angegebenen dynamischen Versuchen (vgl. Abb.13). Da alle drei Eigenschaften die gleiche Ursache haben, nämlich Reibungs- und Verschiebungsvorgänge, ist dieses Verhalten erklärlich.

Der E-Modul hat einen ähnlichen Verlauf wie die dynamische Federkonstante unter Druck- oder Zugvorspannung. Auffallend ist, daß das Fließen und die bleibende Formänderung bei niedriger Temperatur, bei der die betrachteten Stoffe meist große Härte aufweisen, hohe Werte annehmen. In diesem Bereich sind die Moleküle nur wenig beweglich und die schwachen Rückstellkräfte (vgl. auch die hohe Dämpfung in diesem Bereich) reichen nicht aus, um die Verformung rückgängig zu machen.

3.2 Härte (Weichheitszahl)

Die Weichheitszahl ist eine unbenannte Zahl, die sich aus dem Unterschied zwischen den Eindringtiefen einer polierten gehärteten Stahlkugel von 10 mm Durchmesser bei zwei verschiedenen Belastungen (Vorlast 50 g, Prüflast 1000 g) ergibt. Belastungsdauer 10 Sek., Temperatur $20° \pm 2°$ C, Plattendicke $6 \pm 0,2$ mm, die Eindringtiefe in hundertstel mm ist die Weichheitszahl (W 10/1/10) [18]. Die Weichheitszahl steht in einem bestimmten Verhältnis zur Härte.

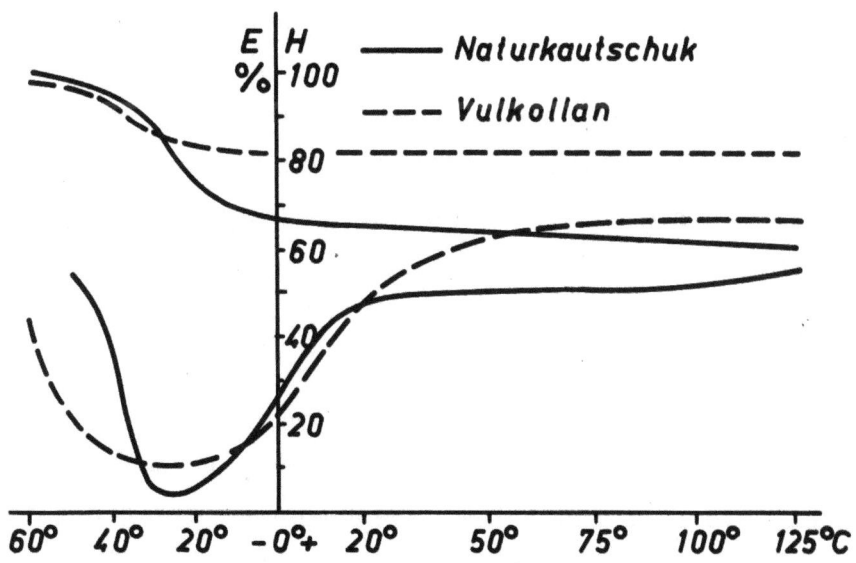

Abbildung 5
Härte H (oberes Kurvenpaar) und Rückprallelastizität E
(unteres Kurvenpaar) als Funktion der Temperatur aus [17]

Es handelt sich also hier um die Bestimmung des Widerstandes eines Materials gegen Eindringen eines bestimmten Körpers, d.h. statische Druck- und z.T. Zugverformung in lokalem Bereich [17]. Weiterhin ist die Rückprallelastizität E als Funktion der Temperatur aufgetragen. Unter Rückprallelastizität E wird die Höhe des Rückpralls, ausgedrückt in Prozent der ursprünglichen Fallhöhe, verstanden. Der Fallkörper fällt dabei auf eine Materialprobe bestimmter Abmessungen mit harter Unterlage. Bei diesem Stoßvorgang bestehen gewisse Zusammenhänge mit der Dämpfung. Exakte Dämpfungsangaben sind mit diesem Verfahren aber nicht möglich, es kann hierbei auch keinerlei Frequenzeinfluß ermittelt werden.

3.3 Zerreißfestigkeit und Bruchdehnung mit Zug- und Dehnungsverhalten

Die Zug- bzw. Zerreißfestigkeit wird in kg/cm^2, bezogen auf den ursprünglichen Querschnitt, gemessen [19],[20]; die Dehnung in % bezieht sich auf die ursprüngliche Meßlänge. Als Prüfkörper dienen entweder hantelförmige Flachstäbe oder Ringproben. Meßergebnisse verschiedener Zugversuche dürfen nur miteinander verglichen werden, wenn sie mit gleichdimensionierten Prüfkörpern ermittelt wurden [21]. Insbesondere ist zu berücksichtigen, daß Ringproben in der Regel viel niedrigere Festigkeitswerte ergeben als Flachstäbe, da beim Ring der Zug nicht gleichmäßig auf den Querschnitt verteilt ist. Aus diesem Grunde muß man, wenn Meßergebnisse zwischen Flachstäben und Ringen besser in Übereinstimmung gebracht werden sollen, die Bruchdehnung des Ringes auf den inneren Umfang beziehen, die Dehnung bei gegebener Belastung und für den Spannungswert hingegen auf den mittleren Umfang. Der Unterschied zwischen dem inneren und dem mittleren Ringumfang beträgt bei dem normalen Prüfring immerhin 9%. Die Diagramme, welche üblicherweise mit den Ringproben aufgenommen werden, basieren auf einer auf den inneren Ringumfang bezogenen Dehnung, so daß durch Extrapolation auf den mittleren Umfang die Möglichkeit besteht, die Maßzahl der Zugfestigkeit derjenigen, die man mit der Flachprobe erhält, zu nähern [22].

Abbildung 6 zeigt die Zerreißfestigkeit und Bruchdehnung als Funktion der Temperatur und zwar für den normalen Prüfring II nach DIN 53504 [17]. Die Kurven haben, wie alle Festigkeitsmessungen an elastoplastischen Stoffen, einen recht großen Streubereich, etwa bis zu 25%. Die Werte werden außerdem mit steigender Zerreißgeschwindigkeit etwas kleiner [17].

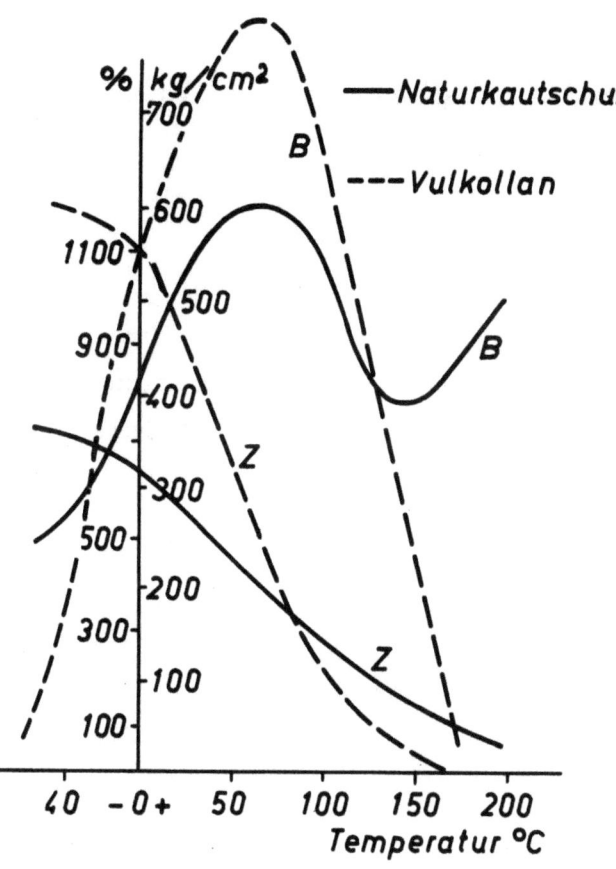

Abbildung 6

Zerreißfestigkeit Z in kg/cm² und Bruchdehnung B in %
als Funktion der Temperatur (aus [21])

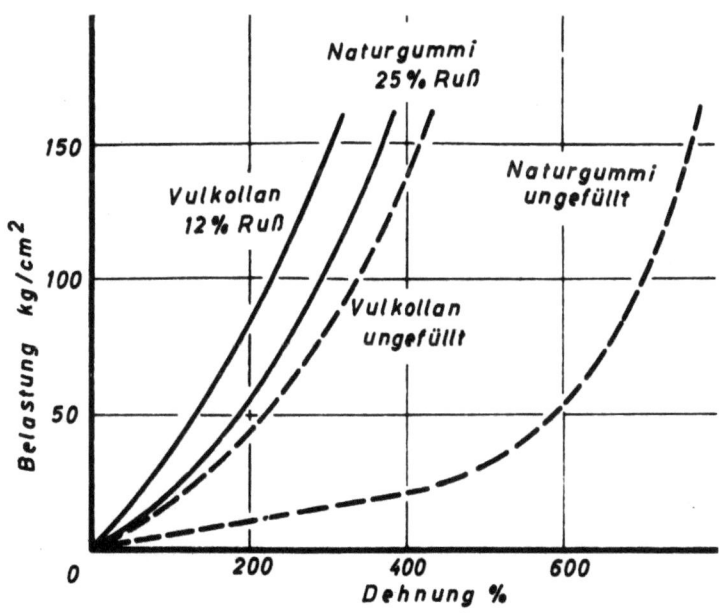

Abbildung 7

Zug-Dehnung-Kurven bei Raumtemperatur (aus [34])

Abbildung 7 zeigt Zug-Dehnungskurven bei normaler Raumtemperatur [34]. Man sieht hieraus deutlich, daß es sich beim Vulkollan um ein relativ "strammes" Material handelt.

3.4 Strukturfestigkeit (Einreißwiderstand)

Eine eingeschnittene Materialprobe wird in der üblichen Festigkeitsprüfmaschine weitergerissen [23], [24]. Die Werte für die Strukturfestigkeit können bei Vulkollan höher liegen als bei Naturgummi und Buna. Die Werte sind aber von Art und Zusammensetzung des Materials stark abhängig.

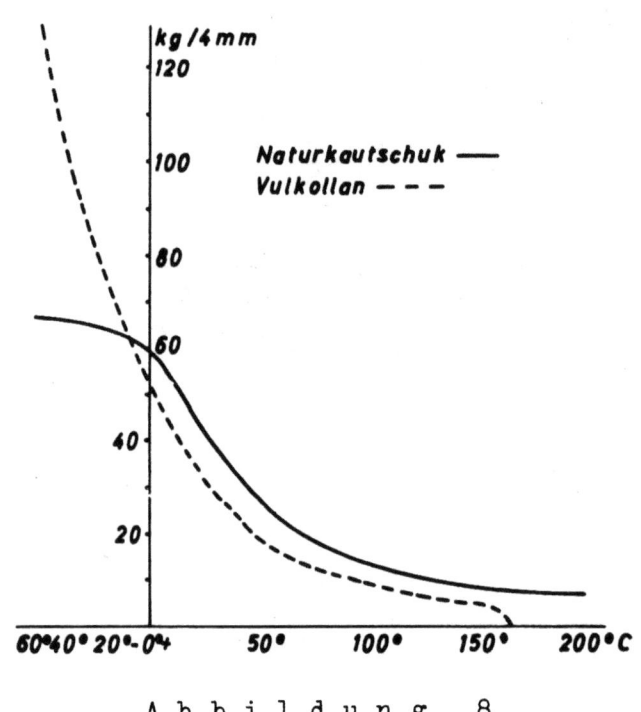

Abbildung 8

Strukturfestigkeit als Funktion der Temperatur (aus [17])

Die Abbildung 8 zeigt den Verlauf der Strukturfestigkeit als Funktion der Temperatur für Vulkollan und Naturkautschuk [17]. Es ist hierbei eine Vulkollanqualität verwendet, deren Strukturfestigkeit oberhalb minus 10° C immer unter der des Naturkautschuks liegt. Die Werte der Abbildung 8 sind an 10-fach eingeschnittenen Normringen II nach DIN 53504 ermittelt und werden in kg, bezogen auf die Stärke des Normringes angegeben.

Über die günstigste Bestimmungsmethode bei der Ermittlung der Strukturfestigkeit herrscht noch keine einheitliche Auffassung, da hier, wie auch bei der Zerreißfestigkeit, die technische Festigkeit im Wesentlichen durch störende Gefügeeinflüsse bedingt ist, die unter dem Sammelbegriff der Kerbwirkung zusammengefaßt werden (hierzu siehe [25]).

3.5 Abriebfestigkeit

Über Begriffe, Maße, Prüfrichtlinien und Auswertung sind folgende DIN-Vorschriften vorhanden: [26] bis [30]. Für die auftretende Verschleißart (Gleitverschleiß) sind die betriebstreuesten Prüfverfahren das Schleifpapierverfahren und das Verschleißtopfverfahren [31]. Die Verschleißwerte werden als Verschleiß in μ/km, d.h. als mittlere Dickenabnahme des Probekörpers in 10^{-3} mm senkrecht zur verschleißenden Oberfläche, bezogen auf 1 km Laufweg, bestimmt. Zum Vergleich der Verschleißwerte verschiedener Werkstoffe hat es sich als zweckmässig erwiesen, den Verschleiß nicht in Absolutwerten anzugeben, sondern ihn auf den eines bestimmten Vergleichsstoffes zu beziehen. Dadurch ergibt sich als ein weiteres Verschleißmaß die Volumenverhältniszahl der Verschleißwerte.

Die Ergebnisse von WELLINGER und UETZ [31] mit den Schleifpapierverfahren zeigt Abbildung 9 und zwar als Funktion der Flächenpressung.

Der Verschleiß V ergibt bei doppelt logarithmischer Auftragung über die Pressung eine gerade Linie, d.h. er nimmt mit einer Potenz zu. Gummi und Vulkollan sind gegen eine Steigerung der Pressung empfindlicher als Stähle (St.37 und C 60 H). Der absolute Wert des Verschleißes ist bei ersteren etwa 20mal größer als bei letzteren. Eine Abhängigkeit von der Schleifkornhärte besteht praktisch nicht, jedoch ist ein Einfluß der Schärfe des Korns festgestellt worden.

Die Ergebnisse der Verschleißtopfversuche, bei denen die Probe in einen rotierenden Behälter, der wahlweise mit Verschleißmaterial verschiedener Härte gefüllt werden kann (z.B. Kalkstein, Glas, Koksgrus, Flint, Sand, Quarz, Korund, Silizium-Karbid), fest und exzentrisch eingehängt ist, bringt Abbildung 10.

Forschungsberichte des Wirtschafts- und Verkehrsministeriums Nordrhein-Westfalen

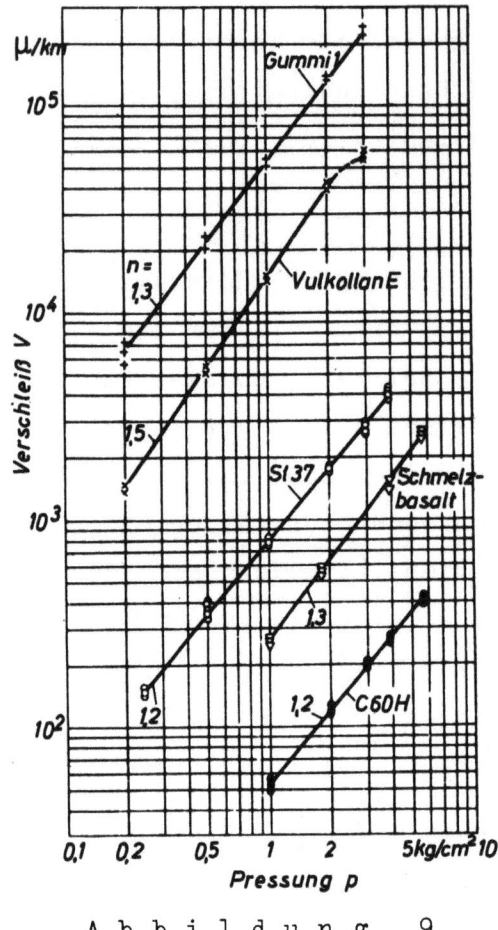

Abbildung 9

Abhängigkeit des Verschleißes V verschiedener Probekörper von der rechnerischen Flächenpressung p bei Schleifpapierversuchen (aus [31])

Es zeigt sich, daß Vulkollan gegenüber Gummi wesentlich kleinere Verschleißwerte hat. Eine bestimmte Abhängigkeit von der Härte des körnigen Verschleißmaterials besteht auch bei diesen Versuchen nicht.

Den Einfluß der Befeuchtung zeigt Abbildung 11. Dort ist der Verschleiß über dem Mischungsverhältnis Wasser/Sand aufgetragen. Die Werte beim Mischungsverhältnis 0 entsprechen den mit trockenem Verschleißmaterial erhaltenen Ergebnissen. Die gummiartigen Stoffe haben bei trockener Beanspruchung gegenüber den Stählen einen verhältnismäßig hohen Verschleiß. Dies ändert sich jedoch bei Befeuchtung. Bei einem Mischungsverhältnis von 0,1 ist der Verschleiß von Vulkollan auf den Betrag von legiertem Stahl C 60 H und der von Gummi auf den von St 37 abgefallen. Bei größeren Mischungsverhältnissen hat Vulkollan von den untersuchten Werkstoffen die kleinsten Verschleißwerte.

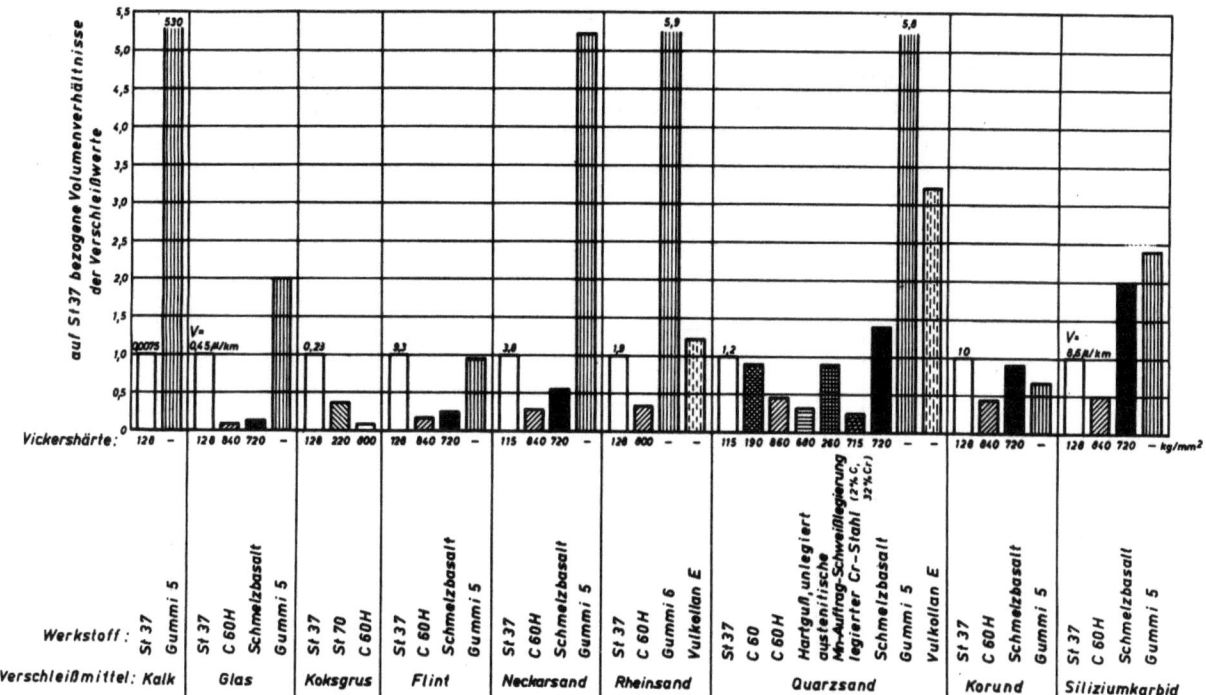

Abbildung 10

Auf Stahl St. 37 bezogene Volumenverhältniszahlen der aus Verschleißtopfversuchen erhaltenen Verschleißwerte (Gleitgeschwindigkeit 1,85 m/s; für St. 37 ist jeweils der absolute Verschleiß V angegeben) (aus [31])

Den Einfluß der Korngröße zeigt Abbildung 12 und zwar bei trockenem und bei feuchtem Verschleißmaterial. Bei trockenem Sand hat Gummi 6 (68-74 Shore) über den ganzen untersuchten Bereich einen um einen bestimmten Betrag größeren Verschleiß als Vulkollan E (72 Shore). Bei Einfluß von Feuchtigkeit ist das Vulkollan dem Gummi in der Abriebfestigkeit noch mehr überlegen, ganz besonders bei größeren Korngrößen. Den Einfluß der Kornschärfe bei konstanter Korngröße zeigt die nachstehende Tabelle [31].

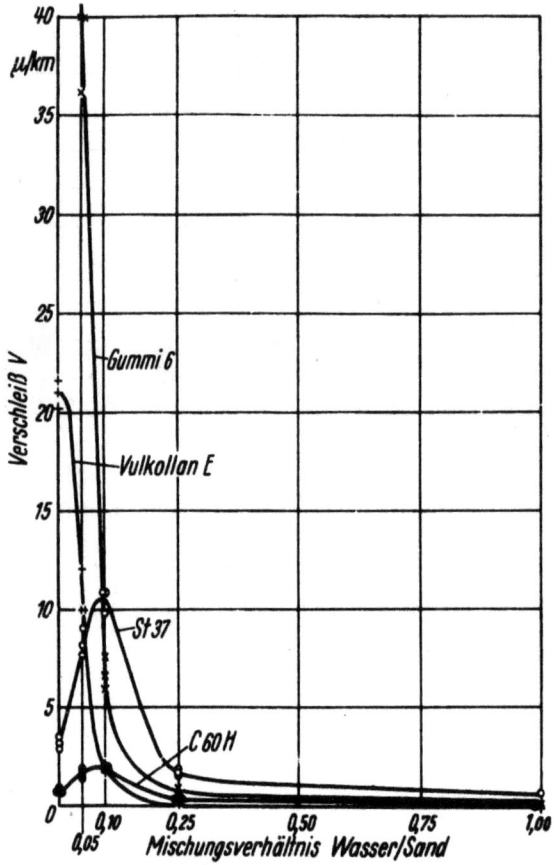

Abbildung 11

Einfluß der Befeuchtung auf den Gleitverschleiß bei Verschleißtopfversuchen (aus [31])

Werkstoff	Verhältniszahl der Verschleißwerte (erhalten mit scharfkantigem Sand, bezogen auf den Verschleiß mit rundlichem Sand)	
	trocken	feucht
Vulkollan E (72 Shore)	2,6	1,0
Gummi 6 (68-72 Shore)	2,1	2,1
C 60 H	11,5	2,1
St 37	7,2	1,8

Es zeigt sich, daß "gummielastische Stoffe" gegen scharfkantige Körnungen unempfindlicher sind als Stähle. Bei Gummi bleibt das Verhältnis bei feuchter wie trockener Prüfung gleich, bei Vulkollan ist ein Unterschied im Verschleiß bei rundlichem und scharfkantigem Korn bei Einfluß von Renchtigkeit nicht mehr festzustellen.

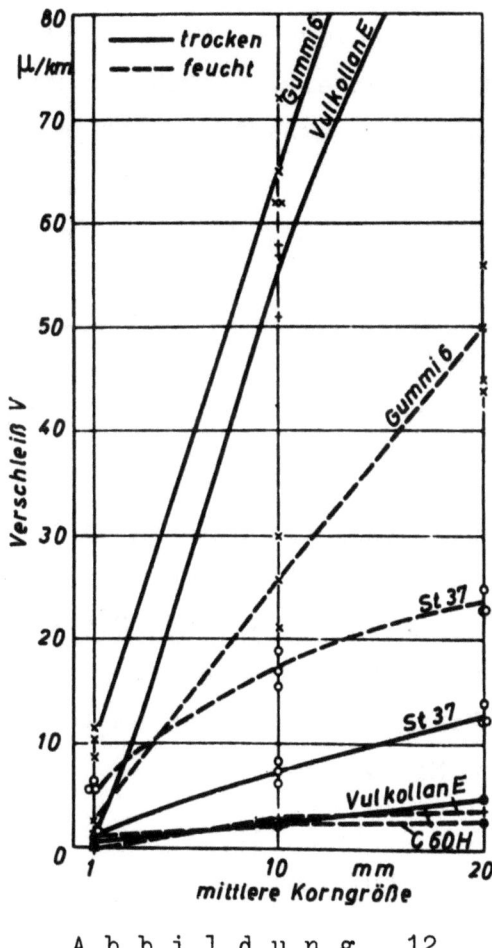

Abbildung 12

Einfluß der Korngröße auf den Gleitverschleiß bei Verschleißtopfversuchen (aus [31])

4. Dämpfung

4.1 Erklärung der Dämpfung

Das Hook'sche Gesetz setzt einen ideal elastischen Körper voraus. Es besagt, daß bei homogenen und isotropen Körpern in bestimmten Grenzen Belastung und Verzerrung bzw. Normalspannung und Dehnung proportional sind. Danach würde für das Verhalten eines Körpers bei bestimmter Beanspruchung die Angabe des statischen Elastizitätsmoduls (bzw. Schub- oder Torsionsmoduls) ausreichend sein. Bei den in technischer Hinsicht als elastisch angesehenen Werkstoffen, z.B. Metallen u.a., findet man jedoch, daß die Spannung-Dehnung-Kurve selbst bis zur Proportionalitätsgrenze keine Gerade, sondern eine schmale Ellipse ist. Dies liegt im Wesentlichen daran, daß die Dehnung einer veränderten Spannung nicht sofort folgt, sondern ihr sozusagen nachhinkt. Zwischen Spannung und

Dehnung besteht also eine Phasenverschiebung, die mit dem Verlustwinkel δ bezeichnet wird. Hierdurch ergibt sich bei Schwingungsbeanspruchung die Dämpfung als $\eta = \mathrm{tg}\,\delta$. Sie äußert sich in einem Energieverlust bei wechselnder Beanspruchung.

Über die Größenordnung der Dämpfung bei verschiedenen Materialien gibt folgende Tabelle Auskunft:

	Stahl	Messing	Holz	Kork	Gummi
$\eta =$	0,00001	0,0006	0,02	0,07	0,1

Bei hochpolymeren Stoffen, also Stoffen, die aus sehr großen, sogenannten Makromolekülen bestehen (Polymerisationsgrad bis zu mehreren Tausend, d.h. mehrere tausend Moleküle je Makromolekül), können danach besonders gute Dämpfungseigenschaften erwartet werden. Man kann sich dies so vorstellen, daß bei Schwingungsbeanspruchung die Reibungsarbeit bei Material mit größeren Molekülen (Makromolekülen, Fadenmolekülen) größer ist als bei Stoffen mit kleineren Molekülen.

Diese hohe Dämpfung tritt jedoch nur in dem schmalen Temperaturbereich auf, in welchem die Makromoleküle eine gewisse Bewegungsmöglichkeit haben. Unterhalb dieses Temperaturbereichs ist diese Bewegungsmöglichkeit nicht mehr vorhanden, die Moleküle sind gewissermaßen eingefroren (unrelaxierter Zustand). Gummi wird z.B. bei tiefen Temperaturen spröde, und weichste Gummisorten können im unterkühlten Zustand spanabhebend bearbeitet werden. Oberhalb des Temperaturbereichs, in welchem die größte Dämpfung vorhanden ist, beginnt der Stoff zu erweichen, und damit verschwinden die guten Dämpfungseigenschaften (viskoser Zustand).

In Abbildungen 13 und 14 sind charakteristische Dämpfungskurven für Vulkollan und Polymethacrylsäuremethylester (P.M.A.) wiedergegeben. Diesen Kurven liegen Meßergebnisse aus den Arbeiten [39, 9] und [32] zugrunde.

Aus den beiden Kurven der Abbildung 13 für Vulkollan 18 (V 18) bei 100 und 1000 Hz ist weiterhin zu ersehen, daß die Dämpfung auch noch von der Frequenz abhängt. Die Abhängigkeit von der Frequenz ist jedoch weit geringer als die von der Temperatur. Beispielsweise ändert sich die Dämpfung um etwa den gleichen Betrag bei Änderung der Frequenz von 100 Hz auf 1000 Hz, wie bei Änderung der Temperatur von $30°$ auf $20°$ C.

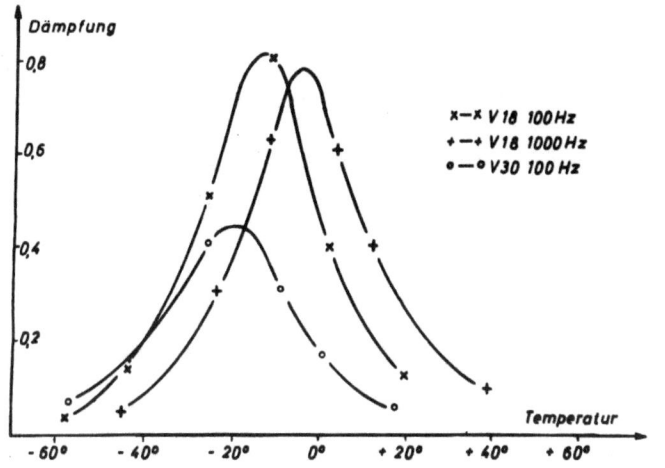
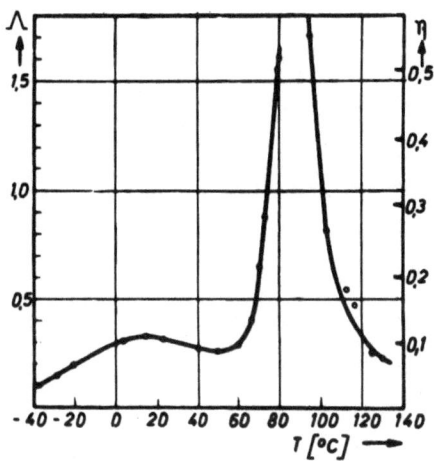

Abbildung 13

Dämpfung-Temperatur-Kurve von Vulkollan

Abbildung 14

Dämpfung-Temperatur-Kurve von P.M.A.

4.2 Theoretische Betrachtung der Dämpfung

Die Relaxation ist die allgemeine Bezeichnung für Nachwirkungserscheinungen, die dadurch gekennzeichnet sind, daß ein Körper auf eine Änderung der auf ihn wirkenden äußeren Kräfte nicht augenblicklich, sondern mehr oder weniger langsam reagiert. Bei deformierenden Kräften nimmt die innere Rückstellung des Stoffes in Abhängigkeit von der Zeit ab (Spannungsrelaxation).

Die Änderung der Spannung verläuft im allgemeinen nach einem Exponentialgesetz, etwa

$$\sigma = \sigma_0 \cdot e^{-t/\tau}$$

wobei t die Zeit allgemein und τ die Zeit ist, nach welcher die Spannung σ auf den e-ten Teil ($\approx 1/3$) der Anfangsspannung σ_0 abgeklungen ist.

Gewöhnlich werden – das ergibt sich aus der chemischen Struktur der Stoffe – mehrere relaxierende Systeme vorliegen. Bei den bisher bekannten Hochpolymeren scheinen jedoch nur einzelne Relaxationszeiten eine Rolle zu spielen (vgl. [5] bis [9]). Es ergibt sich meist ein Hauptdispersionsgebiet und damit ein (Haupt)-Maximum der Dämpfung. Dies liegt im Gebiet zwischen eingefrorenem und viskosem Zustand und ist der gummielastische Zustand. In diesem Temperaturbereich geht auch der Elastizitätsmodul vom hohen zum niedrigen Wert über, etwa von $10^4 \ldots 10^5$ kg/cm^2 auf $10^1 \ldots 10^2$ kg/cm^2. Dieses (Haupt)-Maximum ist bei fast allen gummielastischen Stoffen experimentell gefunden worden. Physikalisch ist es durch die sogenannte Einfriertemperatur (Übergangstemperatur) gekennzeichnet, bei der sich spezifisches Volumen und spezifische Wärme ändern [10].

Die Lage des Dämpfungsmaximums hängt von der Größe der Relaxationszeit bzw. ihrer Änderung mit der Temperatur ab. Bei tiefen Temperaturen sind alle Relaxationszeiten unendlich (eingefrorener, elastischer Zustand, d.h. geringe Dämpfung). Bei hohen Temperaturen sind sie sehr kurz, elastische Effekte also nicht mehr meßbar (viskoser Zustand, d.h. geringe Dämpfung). Dazwischen ist ein Bereich, in dem die Relaxationszeiten und die Beanspruchungszeiten unter der Annahme einer rein periodischen Zeitfunktion sich etwa entsprechen. Dabei tritt dann das Dämpfungsmaximum auf.

Grundsätzlich gelingt es, für jeden gummielastischen Stoff mit einer endlichen Zahl von Relaxationszeiten durch geeignete Kombination von einzelnen Systemen (MAXWELL'sche oder VOIGT'sche Modelle) seine Eigenschaften modellmäßig nachzubilden [11]. Diese Einzelsysteme sind schwingungsfähige Gebilde, bestehend aus massen-, feder- und geschwindigkeitsproportionalen Reibungselementen.

Wenn die Größen der viskosen und der elastischen Konstanten und der Relaxationszeiten experimentell bestimmt sind, ist auf diesem Wege eine mathematische Behandlung dieses Problems möglich.

Diese Vorstellungen können an einem zweifachen MAXWELL'schen Modell, das also zwei Relaxationszeiten repräsentiert, dem Verständnis näher gebracht werden.

Nach Abbildung 15 hat man sich für dieses prinzipielle Beispiel den gummielastischen Stoff aus zwei Molekülgruppen bestehend zu denken, die in sich schwingungsfähige Gebilde mit den sie charakterisierenden Massen-, Feder- und Reibungsgliedern (m_I, f_I, r_I; m_{II}, f_{II}, r_{II}) darstellen. Diese Glieder sind in der Abbildung 15 durch die bekannten Symbole gekennzeichnet. Das uns interessierende Reibungsgebiet, das die Dämpfung bestimmt, liegt, wie bereits ausgeführt, zwischen zwei bestimmten Grenzzuständen des gummielastischen Stoffes, nämlich dem "eingefrorenen" unrelaxierten Zustand und dem "viskosen" Zustand.

Dieses Zwischengebiet zwischen den beiden Grenzzuständen ist mit Relaxation, d.h. elastischer Nachwirkung, behaftet. Diese verursacht die Dämpfung. Sie hängt von der Relaxationskonstante und von der Temperatur ab. Der zeitliche Ablauf der Nachwirkung kann im einfachsten Fall durch einen Ausdruck der Form

$$\varepsilon = \varepsilon_{\tilde{a}} \cdot e^{-t/\tau}$$

dargestellt werden, wobei ε_a der Nachwirkungsbetrag ist, um den sich die unrelaxierte Dehnung verändert. Für $t = \tau$ wird $\varepsilon = \frac{1}{e} \cdot \varepsilon_a$. Man sieht, daß für kleine Relaxationszeiten die Dehnung sehr schnell den Wert $\frac{1}{e} \cdot \varepsilon_a$ erreicht, d.h. es liegt eine starke Dämpfung vor. Im umgekehrten Falle besagt eine sehr große Relaxationszeit τ, daß erst nach relativ langer Zeit die Dehnung auf $\frac{1}{e}$ ihres Ausgangswertes ε_a abgesunken ist, d.h. es liegt eine schwache Dämpfung vor.

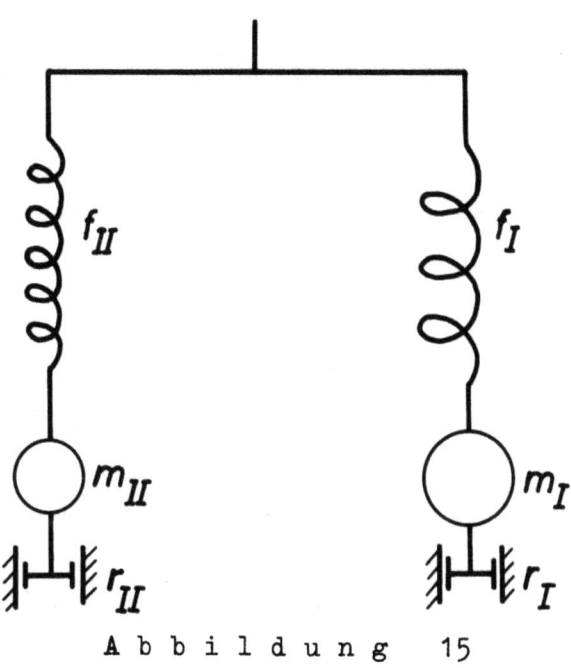

A b b i l d u n g 15

Zweifaches MAXWELL'sches Modell

Nun zeigt Abbildung 13 z.B. für die Stoffe V 18 und V 30, daß oberhalb des Dämpfungsmaximums bei gleichen Temperaturen sich die Dämpfungen unterscheiden, während sie bei jeweils gleichen Temperaturen unterhalb des Dämpfungsmaximums etwa übereinstimmen.

Entsprechend sollen im MAXWELL'schen Modell die beiden Gruppen I und II diese unterschiedlichen Eigenschaften zweier Molekülgruppen darstellen. Die Reibungsarbeit ist dann oberhalb des Dämpfungsmaximums im System I beispielsweise größer als im System II, d.h. $\tau_I < \tau_{II}$. Bei Temperaturen unterhalb des Dämpfungsmaximums wird die Reibungsarbeit in beiden Systemen geringer, bis sie im eingefrorenen Zustand verschwindet, d.h. also auch die Dämpfung verschwindet.

In diesem Gebiet wird $\tau_I \approx \tau_{II}$ sein. Im Temperaturgebiet des Dämpfungsmaximums werden im System I und II größere Dämpfungsarbeiten erreicht, d.h. τ_I und τ_{II} sind klein. Diese Reibungsarbeiten setzen sich in Wärme um.

Die gleichen Überlegungen können an diesem Modell auch auf den Frequenzeinfluß angewendet werden (bekannte Abhängigkeit der Frequenz eines Schwingungskreises von seiner Dämpfung). Dieser Verlauf der Kurven wird experimentell bei sehr vielen Hochpolymeren gefunden, so daß man von einem charakteristischen Verhalten dieser Stoffe sprechen kann.

Bei homogenem, isotropen Material ist die Halbwertbreite der Dämpfung im allgemeinen relativ klein und beträgt etwa $20°$ bis $30°$ C. In diesem Gebiet ist die Dämpfung etwa 20 bis 50mal größer als im Gebiet außerhalb des Maximums. Das Maximum liegt bei Temperaturen zwischen $0°C$ und $-20°C$, d.h. also wesentlich niedriger als der Temperaturbereich, in dem z.B. Abbauhämmer arbeiten.

Wenn auch die Verhältnisse durch bestimmte andere Einflüsse, die im folgenden behandelt werden, günstiger werden, ist es doch wünschenswert, gummielastische Stoffe zu entwickeln, die ihr Dämpfungsmaximum in dem Temperaturbereich haben, in welchem sie als Dämpfungselemente arbeiten sollen.

4.3 Verschiedene Einflußgrößen für das Dämpfungsverhalten

4.31 Weichmacher, Füllstoffe und Mischpolymerisation

Allgemein kann gesagt werden, daß der Einfluß von Weichmachern, Füllstoffen und Mischpolymerisation auf eine Verbreiterung und gleichzeitig auf eine gewisse Abflachung des charakteristischen Maximums der Dämpfungs-Temperaturkurve hinwirkt, teilweise auch auf eine Verschiebung in Richtung der Temperaturachse (z.B. Abb.13). Hier ist Vulkollan 30 (V 30) als der stärker gefüllte Stoff anzusehen. Das Vulkollan 30 besteht zwar aus den gleichen Einzelkomponenten wie Vulkollan 18, das Mengenverhältnis wurde jedoch so geändert, daß zusätzlich eine Ausscheidung von Polyurethan eintritt, welches in Form kleiner Kristallite im Vulkollan bleibt. So ist im Vulkollan 30 gegenüber Vulkollan 18 ein organischer Füllstoff fein verteilt enthalten, der in der Mischung selbst entstanden ist.

Durch Zusatz von Weichmachern und Füllstoffen hat man verschiedene Möglichkeiten in der Hand, den Temperaturbereich der maximalen Dämpfung an den Temperaturbereich, in dem die Stoffe eingesetzt werden sollen, anzupassen.

4.32 Frequenz, Temperatur

Die Dämpfung hängt sowohl von der Temperatur als auch von der Frequenz ab. Grundsätzlich ist das bereits am doppelten MAXWELL'schen Modell in 4.2 dargestellt.

Das Maximum der Dämpfung ist jedoch wesentlich leichter durch eine Änderung der Temperatur als durch eine Änderung der Frequenz zu erreichen. Die Temperatur des Stoffes hat auf die Größe der bei ihr vorliegenden Dämpfung einen sehr großen Einfluß, was aus Abschnitt 4.1 und den Abbildungen 13 und 14 ohne weiteres zu ersehen ist, während der Einfluß der Frequenz geringer ist.

Besitzt z.B. ein Stoff eine Halbwertsbreite der Dämpfung bei 20 bis 30° C, dann kann bei dem gleichen Stoff mit einer Halbwertsbreite von mehreren tausend Hz gerechnet werden. Wird die Dämpfung über der Frequenz aufgetragen, dann ergibt sich also im Gegensatz zur Auftragung über der Temperatur ein sehr flacher Anstieg bzw. Abfall der Dämpfung zu ihrem Maximum hin.

Anders ausgedrückt: Beim praktischen Einsatz kann eine verhältnismäßig kleine Temperaturänderung von 10 bis 20° C die Größe der Dämpfung erheblich beeinflussen. Sie kann dabei um den mehrfachen Betrag ansteigen oder abfallen.

Dieser Effekt tritt jedoch selbst dann nicht ein, wenn sich die Frequenz in einem größeren Bereich ändert.

4.33 Beanspruchungsart

Die Beziehung zwischen den Moduln (Schub-, Elastizitäts-, Longitudinalwellenmodul ist bei den ideal elastischen Stoffen nach der Elastizitätstheorie durch folgende Gleichung gegeben:

$$E = 2G(1+\mu)$$

$$L = \frac{E(1-\mu)}{(1+\mu)\cdot(1-2\mu)}$$

L = Longitudinalwellenmodul μ = Poisson-Zahl
E = Elastizitätsmodul G = Schubmodul

Außerhalb der Dispersionsgebiete werden diese Gleichungen, wie KOPPELMANN [12] ausführt, bestätigt. Innerhalb dieser Gebiete treten jedoch Abweichungen auf. Die Größenordnung ist nur aus Messungen an weichgemachtem P.V.C. bekannt, dort liegen die Abweichungen innerhalb von 10% [12].

4.34 Amplitude der Wechselbeanspruchungen

Der Einfluß der Größe der Amplitude der Wechselbeanspruchung ist, soweit bekannt, weder theoretisch noch experimentell untersucht. Es wird jedoch ein relativ starker Einfluß vermutet [13]. Lediglich GELLING [14] bringt Messungen über die Abhängigkeit der Dämpfung von der Kraftamplitude für niedrige Frequenzen. Er stellt bis zu einer Amplitude von 5% Dehnung der Probenlänge eine Zunahme, darüber hinaus eine Konstanz der Dämpfung fest.

4.4 Maßgrößen der Dämpfung

Die Dämpfung kann auf mehrere Art und Weise als Energieverlust bei sinusförmiger Schwingungsbeanspruchung gemessen werden. Dadurch kommen auch die Unterschiede im Dämpfungsmaß zustande. Sie kann bestimmt werden:

a) aus der Resonanzkurve eines Feder-Masse-Systems,
b) aus dem Ausschwingen einer freien Schwingung,
c) aus dem Kraft-Dehnungs-Diagramm.

Nachstehend werden die einzelnen Möglichkeiten zur Messung der Dämpfung erläutert und einheitlich auf den Verlustfaktor als das meist verwendete Maß der Dämpfung umgerechnet.

An sich kann die Dämpfung nach einem beliebigen Gesetz von der Geschwindigkeit abhängen. Hier wird die Dämpfung als direkt proportional der Geschwindigkeit vorausgesetzt. Diese Voraussetzung trifft für viele Schwingungsvorgänge wenigstens angenähert zu [33], für hochmolekulare Stoffe besonders gut, wie an anderer Stelle nachgewiesen wurde [40].
Stelle nachgewiesen wurde [40].

Zu a): Die Resonanzkurve, also die Abhängigkeit der Amplitude von der Frequenz wird für ein gedämpftes, schwingungsfähiges System ermittelt und aus der Halbwertsbreite dieser Resonanzkurve die Dämpfung berechnet.

Die Halbwertsbreite wird dabei an dem Amplitudenwert $\sqrt{\dfrac{a_{max}^2}{2}}$ gemessen.

Damit ergibt sich, wie sich aus der Differentialgleichung des schwingenden Systems errechnen läßt, ein einfacher Ausdruck für den Verlustfaktor (s.a. [33] S.199).

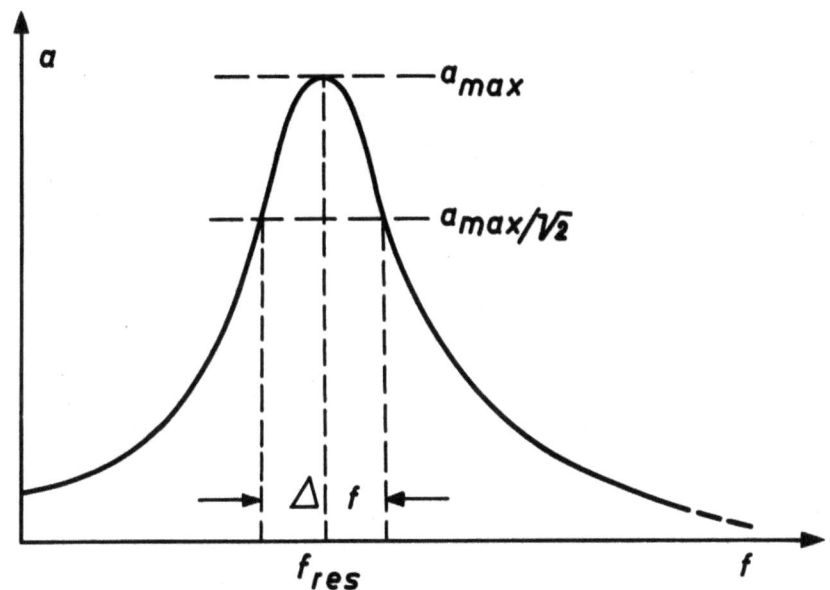

Abbildung 16
Resonanz-Kurve

Berechnung:

Verlustfaktor $\eta = \dfrac{\Delta f}{f_{res}}$

Δf = Frequenzdifferenz zwischen den beiden Amplituden

$a = a_{max}/\sqrt{2}$ auf den Flanken der Resonanzkurve

Zu b): Aus dem Ausschwingen eines angestoßenen schwingungsfähigen Systems wird über das logarithmische Dekrement die Dämpfung ermittelt. Diese Methode wird nur für langsame Schwingungen, also kleine Frequenzen, experimentell angewandt.

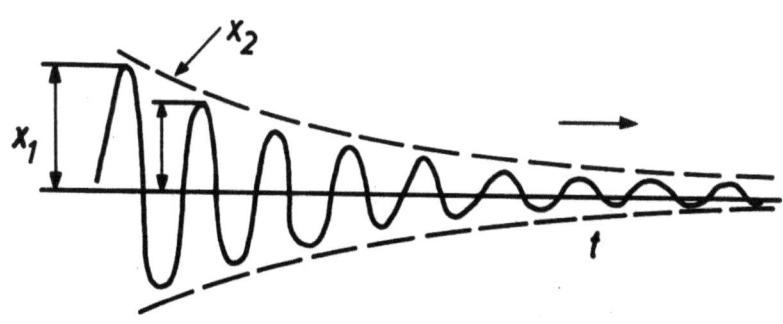

Abbildung 17
Ausschwing-Kurve

Berechnung:

Verlustfaktor $\eta = \dfrac{\Lambda}{\pi}$

Λ = log. Dekrement $= \ln x_1 - \ln x_2 = \ln \dfrac{x_1}{x_2}$

wobei x_1 und x_2 die Amplituden zweier aufeinander folgender Schwingungen sind.

Die Formel für den Verlustfaktor gilt exakt nur für

$\eta < 0,2$ [35].

Zu c): Bei mechanischen Pulsatoren (z.B. Roelig-Maschine) kann für die damit erreichbaren niedrigen Frequenzen (max. 50 Hz) die Dämpfung aus dem Kraft-Dehnung-Diagramm ermittelt werden.

Berechnung:

Verlustfaktor $\eta = \mathrm{tg}\,\delta$ $\qquad \delta$ = Phasenwinkel zwischen Kraft und Dehnung

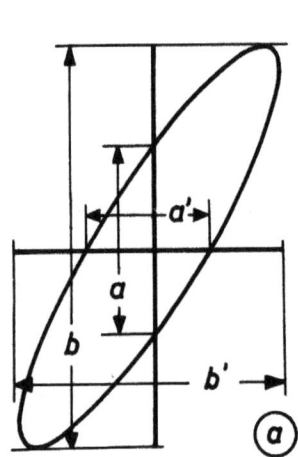 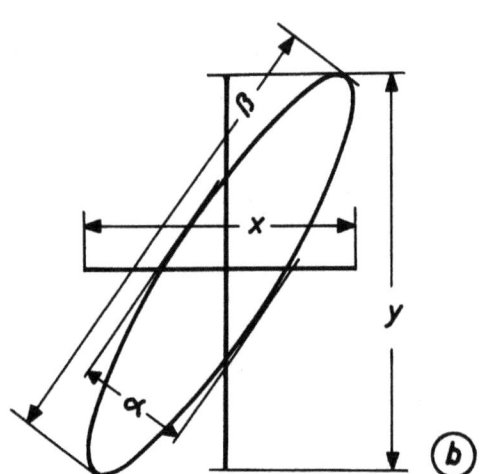

Abbildung 18

Kraft-Dehnung-Ellipse

ⓐ

$\sin \delta = a/b$

$\delta = \arcsin a/b$

ⓑ

$\sin \delta = \alpha \cdot \beta / x \cdot y$

$\delta = \arcsin \alpha \cdot \beta / x \cdot y$

Weiterhin kann die Dämpfung auch aus dem Inhalt der Kraft-Dehnung-Ellipse entnommen werden, denn das Kraft-Dehnungs-Diagramm ist für elastoviskose Stoffe bei periodisch veränderlicher Spannung immer mit sehr guter Annäherung eine Ellipse, wie an anderer Stelle durch Messungen nachgewiesen wurde [40].

ΔN ist die während einer Schwingung in Wärme umgesetzte Schwingungsenergie.

$\Delta N = \int \sigma \cdot d\varepsilon$

Dies ergibt für periodisch veränderliche Spannung

$\sigma = \sigma_0 \cdot \cos(\omega t - \delta)$; $\varepsilon \frac{1}{E} \sigma_0 \cos \omega t$

$\Delta N = (\sigma_0^2/E) \int_0^{2\pi} \cos(\omega t - \delta)(-\sin \omega t)\, d\omega t = (\sigma_0^2/2E) 2\pi \sin \delta$

$\Delta N \approx N\, 2\pi \cdot \delta$, wobei $\sigma_0^2/2E = N$ die Gesamtschwingungsenergie ist.

ΔN wird technisch nach DIN 53513 als absolute Dämpfung bezeichnet und in cmkg gemessen. $\Delta N/N$ ist nach der gleichen Norm die relative Dämpfung und wird in % angegeben. Zu bemerken ist noch, daß in der vorliegenden Arbeit mit Dämpfung immer der Verlustfaktor η gemeint ist, da nur diese Größe in der wissenschaftlichen Literatur Anwendung findet. Die Beziehung zwischen den beiden Größen ist für kleine Verlustwinkel ($\eta < 0{,}2$) $\Delta N/N = 2\pi\eta$.

5. Entwicklung des Dämpfungsmessverfahrens

Die Dämpfung kann nach Abschnitt 4 auf verschiedene Art gemessen werden, und dadurch ergeben sich eine ganze Reihe von Dämpfungsmessverfahren. Diese sind zusammenhängend bereits an anderer Stelle behandelt [40]. Hier können nur die Verfahren kurz erwähnt werden, die als aussichtsreich für den vorliegenden Zweck im Laufe der Untersuchungen herangezogen wurden.

Die hier infrage kommenden Messverfahren müssen mit erzwungenen Schwingungen möglichst großer Kraftamplitude durchgeführt werden, um den Bedingungen, unter denen die gummielastischen Stoffe in der Praxis eingesetzt werden, möglichst nahezukommen.

Der größte von der Meßgeräteindustrie hergestellte Schwingungserreger ist in Abbildung 19 schematisch dargestellt. Dieser Wechselkraftgeber beruht auf dem elektrodynamischen Prinzip.

Zur Speisung seiner im permanenten Magnetfeld befindlichen Tauchspule a ist ein Erregerverstärker nötig. Dieser Kraftverstärker besteht aus einem Vorverstärker und einer Gegentakt-Endstufe in Stromgegenkopplung mit Ausgangstransformation. Die Speisung der Eingangsstufe übernimmt ein L.C.-Schwingungsgenerator.

Für den Einbau des Schwingungserregers und für die Halterung der Meßwertgeber waren besondere Überlegungen und konstruktive Maßnahmen nötig. Unabhängig von der Wahl des Meßverfahrens mußten alle Teile der Apparatur schwingungstechnisch definiert werden können, d.h. also starr gelagert

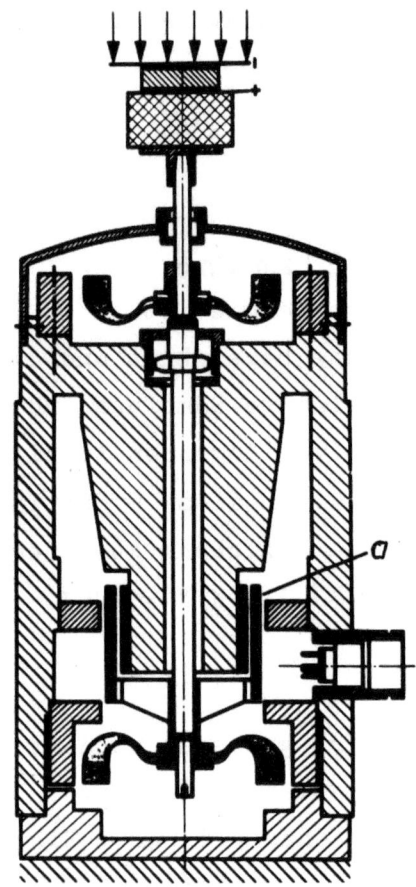

Abbildung 19
Elektrodynamischer
Schwingungserreger

Abbildung 20
Einbau des Schwingungserregers
und Anbau des Meßwertgebers
(hier Quarz-Druckdose)

werden. Dies wurde erst nach Einbau in eine etwa 40 kg schwere Eisenmasse mit einer durch 4 Bolzen verbundenen Gegenhalterung von etwa 20 kg (s.Abb.20) erreicht.

5.1 Meßverfahren 1

Die Kraft des Schwingungserregers sollte über den Frequenzbereich von 10 bis 10000 Hz konstant sein. Die Kraftkonstante war dafür mit 3,75 kg (Spitzenwert) je Amp. Feldspulenstrom (Effektivwert) angegeben. Die an die Probe abgegebene Kraft konnte daher an einem Strommesser der Ausgangsstufe gemessen werden.

Der Schwingungserreger (Abb.19) arbeitet auf das Probestück (Meßgegenstand), an dessen entgegengesetztem Ende die Kraft mit einer Quarzdruckdose (Abb. 22) gemessen wird. Elektrometerrohr-Vorsatzgerät und

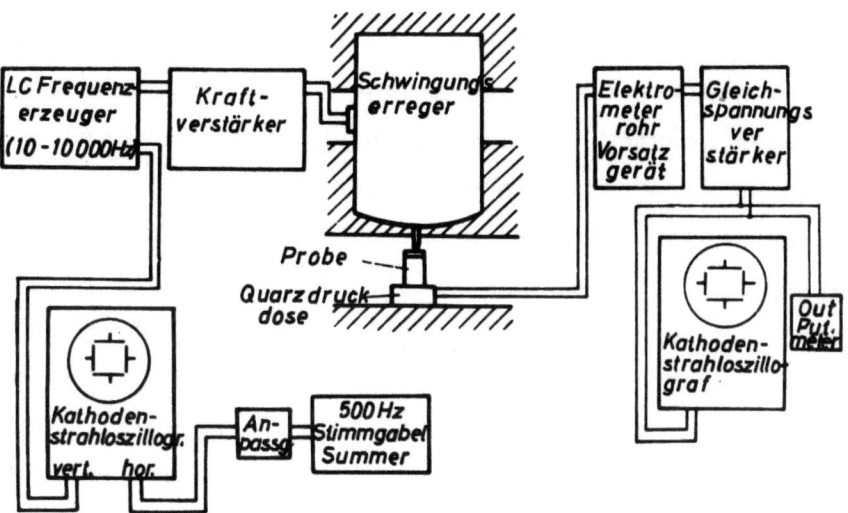

Abbildung 21

Schaltbild des Meßverfahrens 1

Gleichspannungsverstärker ergeben den Meßwert, der auf dem Kathodenstrahloszillographen oder am Meßgerät (Outputmeter) festgehalten wird. Die Quarzdruckdose wurde als Membrandose unter Verwendung von zwei Quarzen von 10 mm Durchmesser für die besonderen Verhältnisse der Apparatur entwickelt (Abb. 22).

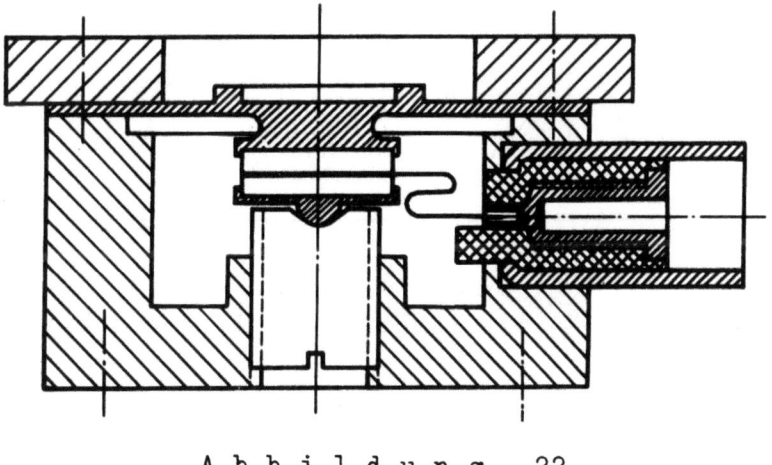

Abbildung 22

Quarz-Druckmeßdose

Ebenso mußte das Elektrometerrohr-Vorsatzgerät den Bedingungen angepaßt werden. Der 500 Hz-Stimmgabelsummer ist zur Frequenzeichung mittels Lissajousfiguren am Kathodenstrahlzilographen vorgesehen.

Die Messungen zeigten, daß mit diesem Verfahren keine brauchbaren Ergebnisse zu erzielen waren. Das lag daran, daß bei der Art der Versuche der verwendete Schwingungserreger die abgegebene Kraft über den Frequenzbereich nicht konstant halten konnte, und daß die nicht zu vermeidenden Resonanzen der Eigenfrequenz der Probestücke mit den Erregerfrequenzen eine Auswertung der Meßergebnisse unmöglich machten. Als Beispiel ist in Abbildung 23 der Übergangsfaktor, also das reziproke Verhältnis der vom Schwingungserreger zugeführten Kraft $\mathfrak{K}$ (elektrisch als Strom in der Zuleitung zum Schwingungserreger gemessen) zu der an die Druckdose abgebenen Kraft $\mathfrak{K}'$ aufgetragen. An anderer Stelle ist dieses Problem ausführlicher dargelegt und durch eine schwingungstechnische Berechnung fundiert [40].

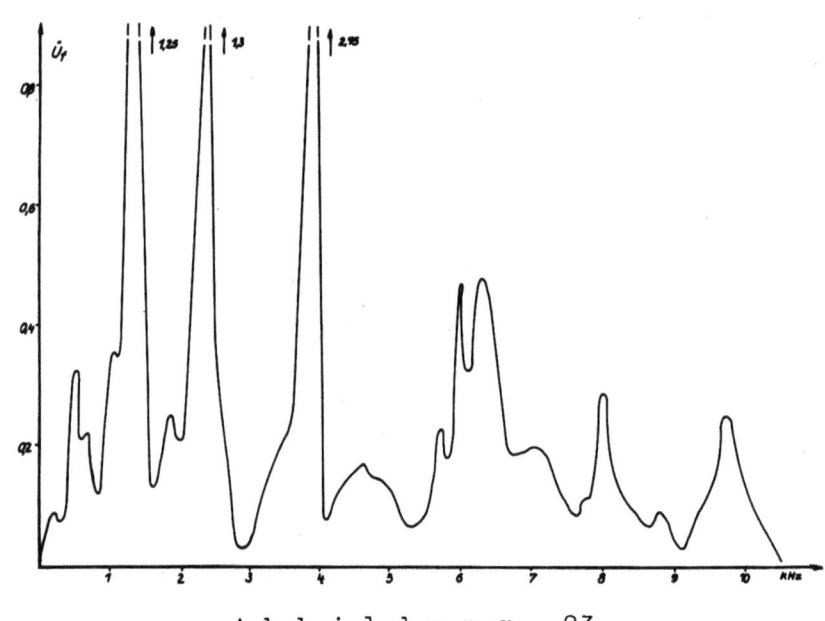

A b b i l d u n g   23

Übergangsfaktor $ü_f = \frac{\mathfrak{K}'}{\mathfrak{K}}$ als Funktion der Frequenz bei Vulkollan

5.2 Meßverfahren 2

Nach dem Ergebnis mit dem Meßverfahren 1 wurde es notwendig, zusätzlich noch eine zweite Größe, entweder die zugeführte Kraft $\mathfrak{K}$ oder besser die Dehnung des Materials zu messen. Der Meßwertgeber für die zugeführte Kraft $\mathfrak{K}$ wurde an das erregte Probenende gelegt, um zu verhindern, daß Laufzeiteffekte in der Probe auftraten. Deswegen mußte auch das Kraftmeßverfahren geändert werden, da die Quarzdruckdose an dieser Stelle wegen ihrer zu großen Masse nicht zu verwenden war. Es wurde versucht, die sehr einfach zu messende Beschleunigung als kraftproportionale Größe einzuführen (Abb. 24).

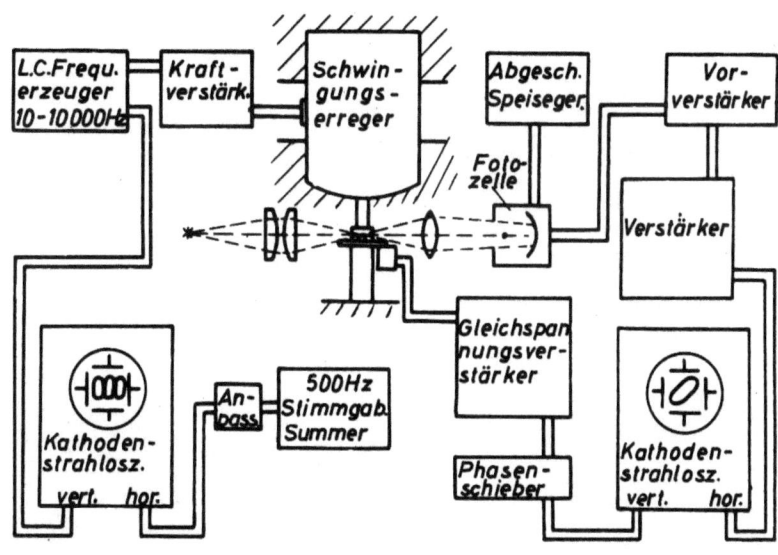

Abbildung 24
Schaltbild des Meßverfahrens 2

Genauere Überlegungen zeigten jedoch, daß die Beschleunigung $\ddot{x}$ an dieser Stelle mit der Dehnung bzw. der Auslenkung x in einem bestimmten festen Zusammenhang steht

$$\ddot{x} \approx \omega^2 \cdot x$$

Die Dehnung wurde mit einem optischen Verfahren, der Ablenkung von Lichtstrahlen durch eine von der Dehnung gesteuerte Schneide, und Umwandlung der Lichtstromschwankungen in Spannungsschwankungen in einer Photozelle, gemessen.

5.3 Meßverfahren 3

Auch hier wurde der Meßwertgeber für die Kraft an das erregte Ende des Probestückes gelegt. Die Kraft wurde aus der Dehnung eines entsprechend gestalteten genügend dämpfungsfreien Meßelementes, eines Messingringes, ermittelt, dessen mechanische Beanspruchungen im Bereich des HOOK'schen Gesetzes blieben. Die Dehnung wurde mit Dehnungsmeßstreifen ermittelt. Die Entwicklung dieses Meßwertgebers zeigen die folgenden Abbildungen 25 und 26.

Forschungsberichte des Wirtschafts- und Verkehrsministeriums Nordrhein-Westfalen

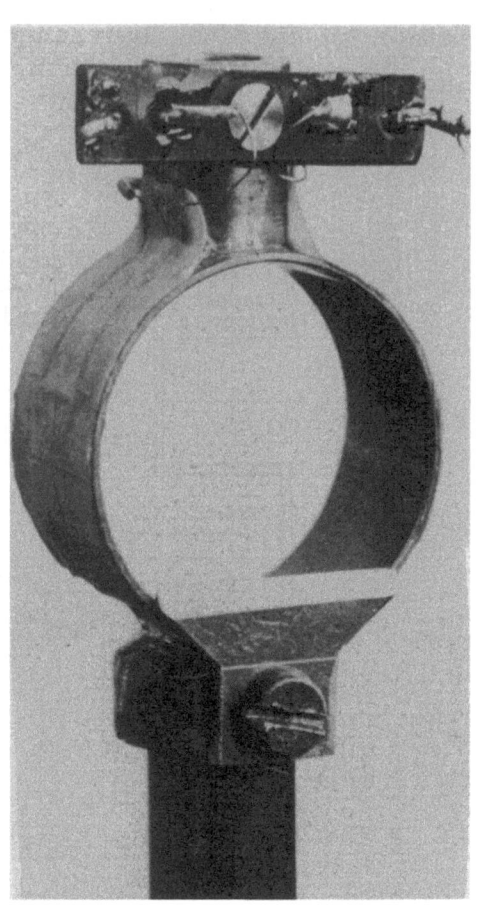

Abbildung 25
1. Ausführung des Meßwertgebers

Abbildung 26
Endgültige Ausführung des Meßwertgebers

Am oberen Ende ist die kraftschlüssige Konusverbindung zum Schwingungserreger hin und die Anschlußleiste, in der Mitte der Messingring mit den aufgeklebten zwei Dehnungsmeßstreifen, und unten die Einspannvorrichtung für die Materialprobe und die Schneide für das optische Dehnungsmeßverfahren zu erkennen. Der Meßwert der Kraft (Dehnungsmeßstreifen) und der Dehnung (Photozelle) wurden auf je ein Plattenpaar eines Kathodenstrahloszillographen gegeben und damit die Dämpfungsellipse geschrieben. Das Schaltbild würde also dem des 2. Meßverfahrens ähneln (Abb. 24). Aus der Dämpfungsellipse (Abb. 27) wird, wie in Abschnitt 4.4 erläutert, die Dämpfung ermittelt.

Auch diese Meßergebnisse befriedigten nicht. Trotz des eingebauten Phasenschiebers konnte der Absolutwert der Phasenlage nicht ermittelt werden, lediglich die Verschiebung der beiden Verstärkerwege konnte dadurch gegeneinander ausgeglichen werden. Auch eine Eichung der Meßvorrichtung mittels eines dämpfungsfreien Probestückes gelang nicht. Weiterhin stellte sich bei diesen Messungen heraus, daß man mit der vorgesehenen Probenlänge von 60 mm (10 mm ⌀) bereits bei einigen hundert Schwingungen pro Sekunde (Hz) in den Eigenschwingungsbereich der Probe und des mitschwingenden Systems kam und damit die Meßergebnisse verfälschte.

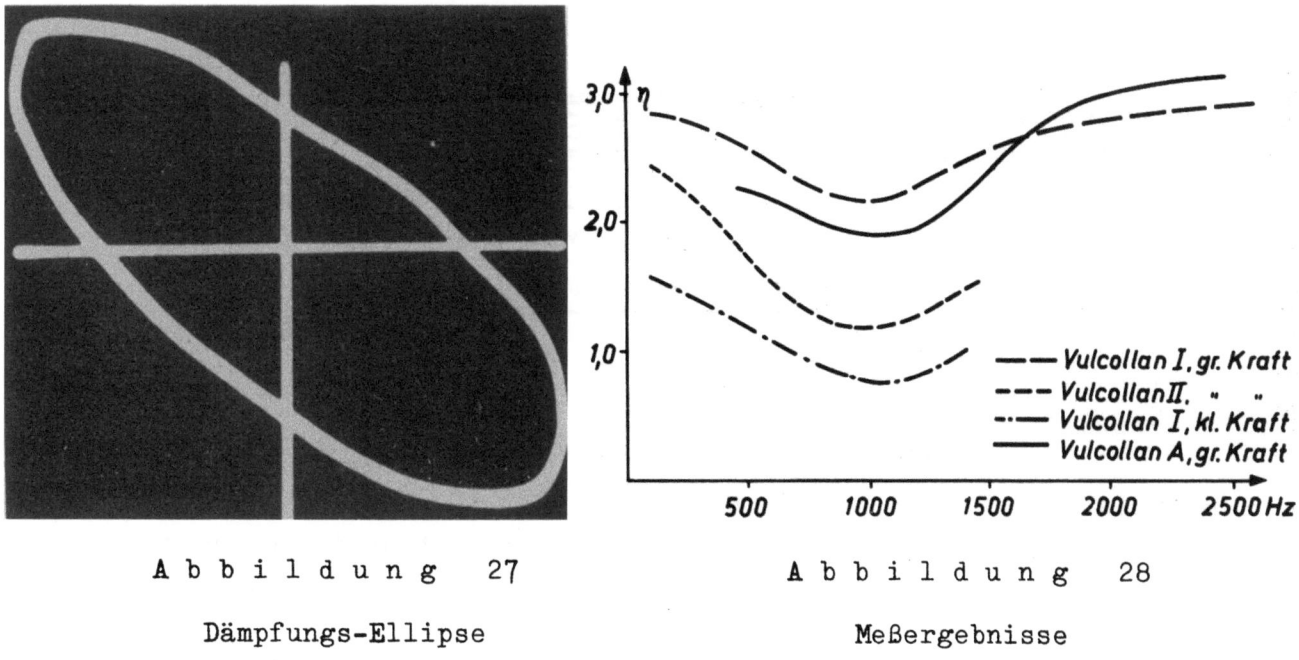

Abbildung 27
Dämpfungs-Ellipse

Abbildung 28
Meßergebnisse

Aus den in Abbildung 28 aufgetragenen Meßergebnissen ist dies bei genauerer Betrachtung auch zu entnehmen.

5.4 Meßverfahren 4 (endgültiges)

Dieses endgültige Meßverfahren nutzt den nach Meßverfahren 3 festgestellten Effekt der Resonanz des schwingenden Systems mit der Eigenfrequenz der Probestücke aus. Die Dämpfung wurde aus der Halbwertsbreite der Resonanzkurve ermittelt. Die zylinderförmigen Probestücke hatten verschiedene Längen zwischen 2 und 40 cm bei einem Durchmesser von 10...40 mm. Damit ergibt sich ein Frequenzbereich bei den zur Messung vorgesehenen Stoffen von etwa 80 bis 1200 Hz.

Die Prinzipschaltung des endgültigen Meßverfahrens, das nach den Erkenntnissen der Meßverfahren 1 bis 3 entwickelt wurde, ist in Abbildung 29 dargestellt.

Der Meßwertgeber für beide Meßgrößen, Kraft und Dehnung, ist bereits im

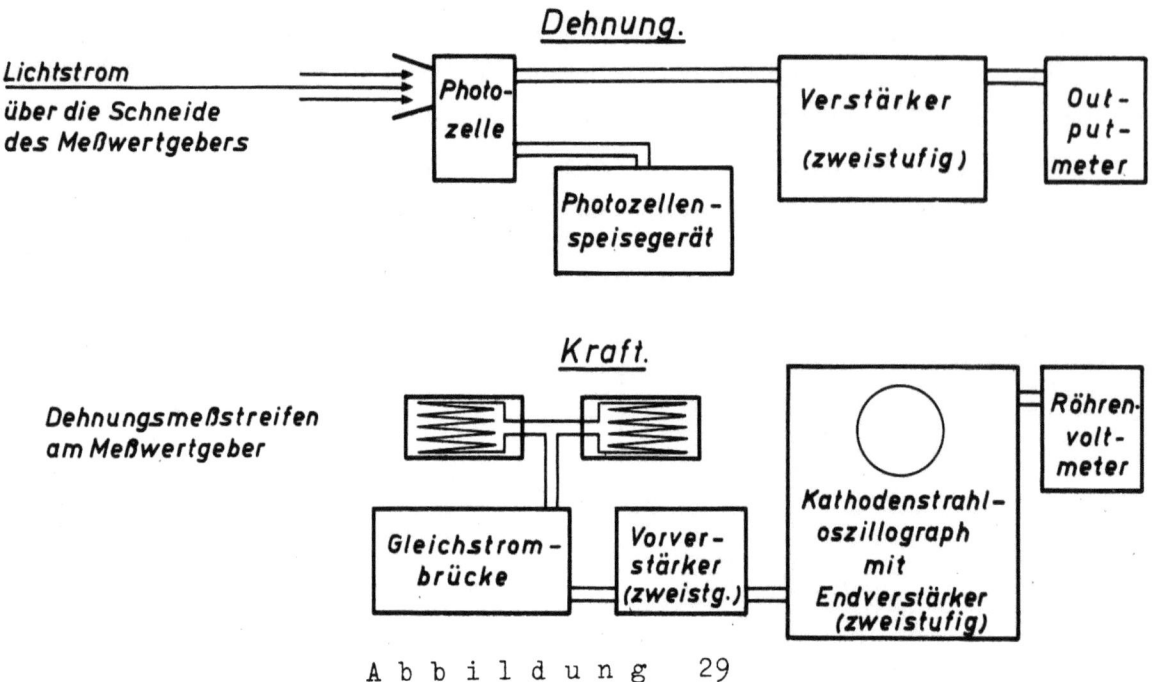

Abbildung 29

Schaltbild des Meßverfahrens 4

3.Meßverfahren (Abschn. 5.3) beschrieben (Abb. 26). Der Verstärkerweg bei der optisch-elektrischen Dehnungsmeßung ist geändert und führt von der Photozelle über einen zweistufigen Verstärker zum Outputmeter, an dem die Dehnung abgelesen wird. Die Widerstandsänderung der Dehnungsmeßstreifen als Meßwertgeber für die Kraft wird von diesem über eine gleichstromgespeiste Brückenschaltung und über einen Vorverstärker zu dem im Kathodenstrahloszillographen eingebauten Endverstärker geführt. Dort wird der Verlauf der auf die Probenstücke aufgegebenen Kräfte sichtbar und die Größe der Kraftamplitude in dem angeschlossenen Röhrenvoltmeter abgelesen.

Die Resonanzkurve wird dadurch erhalten, daß bei konstant gehaltener Kraft über der Frequenz die Änderung der Dehnung, die am Outmeter abgelesen wird, aufgetragen wird.

6. Die Meßapparatur

Nach der Entwicklung des Meßverfahrens im Abschnitt 5 soll hier kurz auf die einzelnen Teile der endgültigen Meßapparatur eingegangen werden.

Den äusseren Aufbau der Verstärker für die beiden Meßzweige zeigt Abbildung 30, während Abbildung 31 die eigentliche Meßstelle, also Schwingungserreger samt Meßwertgeber und Probestück mit der Halterung und die Optik für die Dehnungsmessung zeigt.

Forschungsberichte des Wirtschafts- und Verkehrsministeriums Nordrhein-Westfalen

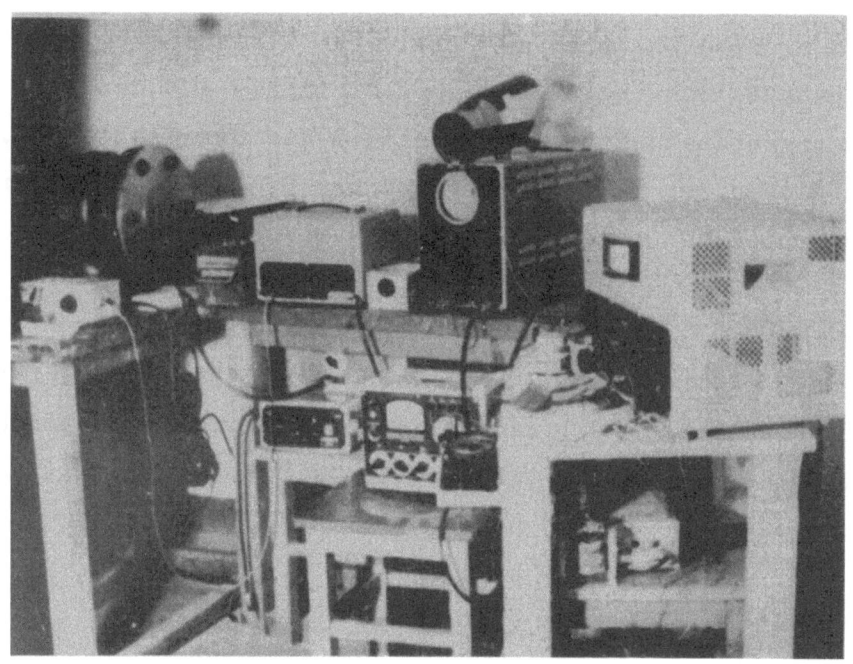

Abbildung 30

Aufbau der Meßapparatur

Abbildung 31

Meßstelle

In dem rechts sichtbaren (s.Abb.31) schweren Eisenteil befindet sich der fest eingebaute Schwingungserreger, die links auf den vier Bolzen verschiebbar angeordnete Eisenplatte bildet die Gegenhalterung. Zwischen beiden liegen der Meßwertgeber und das Probestück. Die Probestücke können in verschiedenen Längen eingespannt werden.

6.1 Messung der Kraft

Zwei Dehnungsmeßstreifen je 600 Ω in Reihe geschaltet und auf einen Messingring aufgeklebt (Abb. 26) werden zur Steigerung der Empfindlichkeit als ein Zweig einer Gleichstrombrücke geschaltet. Die Schaltung zeigt Abbildung 32.

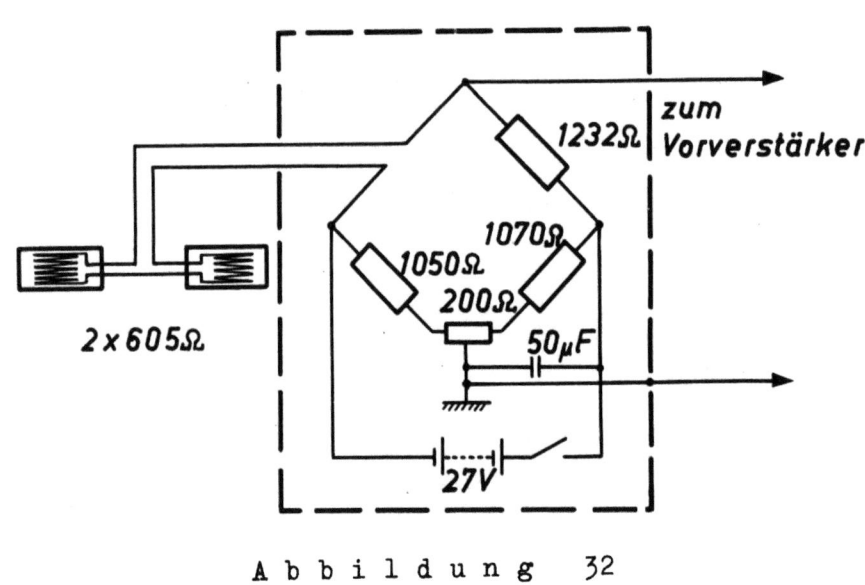

A b b i l d u n g   32

Gleichstrombrückenschaltung

Es werden nur dynamische, keine statischen Kräfte übertragen. Hinter der Gleichstrombrücke liegt der zweistufige Vorverstärker (Philips GM 4570) mit einer 35-fachen Verstärkung und dem im Kathodenstrahloszillographen (Philips GM 3156) eingebauten Endverstärker mit zwei Stufen in Gegentakt und einer Verstärkung von etwa 1 : 10000. Abgelesen wird auf einem Röhrenvoltmeter von Rohde & Schwarz, URI BN 1050.

6.2 Messung der Dehnung

Für die Optik ergab sich folgende Anordnung als brauchbar:
Von einer Wolframbandlampe (Osram Wi 16E 6V) als Lichtquelle, werden

die Lichtstrahlen durch ein Linsensystem gesammelt. Im Brennpunkt befindet sich die die Dehnung des Probematerials anzeigende Schneide des Meßwertgebers (Abb. 26). Ein zweites Linsensystem sammelt die Lichtstrahlen hinter dem Brennpunkt und wirft sie auf die Photozelle, deren Schaltung Abbildung 33 zeigt. Die Schwingungsamplitude (Verlängerung) betrug bei den verwendeten Probestücken etwa einige hundertstel Millimeter. Als Verstärker ist lediglich ein zweistufiger Gegentaktverstärker (Verstärkung etwa 10000-fach) nachgeschaltet. Ein Outputmeter (Multavi R) mit einer bei allen Meßbereichen konstanten Impedanz von 7500 Ω dient zur Ablesung der Meßwerte.

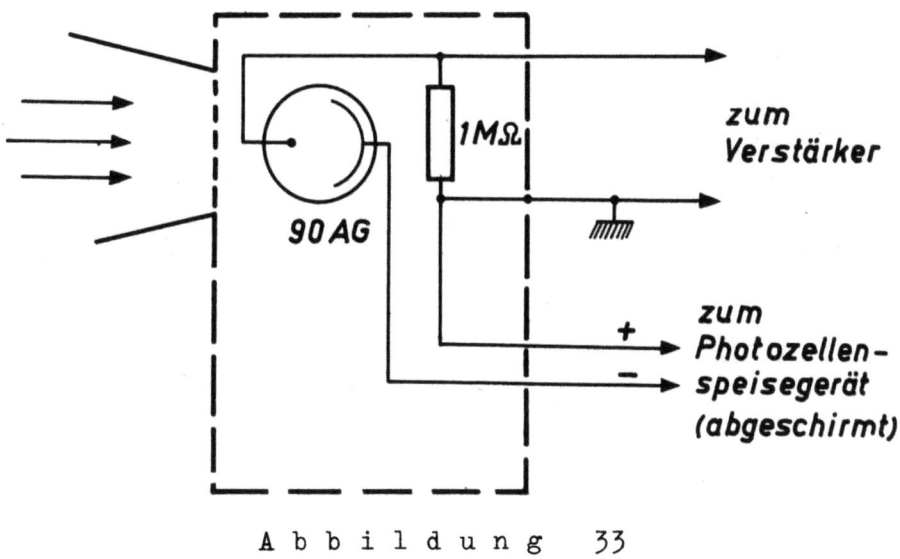

Abbildung 33

Photozellenschaltung

7. Messungen

Die große Zahl der untersuchten Stoffe und der große Umfang der Meßreihen, die zur Bestimmung der Dämpfung jedes einzelnen Stoffes über den Frequenzbereich notwendig waren, verbietet es, alle Meßwerte zahlenmäßig wiederzugeben.

7.1 Zusammenstellung der untersuchten Stoffe

Es wurden die verschiedensten Werkstoffe mit genau bekannter Zusammensetzung von verschiedenen Herstellerfirmen untersucht, u.a.

BASF - Ludwigshafen
Bayerwerke - Leverkusen
Chemische Werke Hüls - Marl
Continentalwerk - Hannover
Dynamit AG - Köln-Troisdorf

Durch Rücksprache und Diskussion mit diesen und anderen wichtigen Herstellerfirmen der Gummi- und Kunststoff-Industrie konnte, dank dem Entgegenkommen dieser Firmen, eine Übersicht über die z.Zt. verfügbaren gummielastischen Werkstoffe und ihre technologischen Eigenschaften gewonnen werden. Danach konnten die für den technischen Einsatz an schlagenden Werkzeugen in Frage kommenden Stoffe ausgewählt und zu den Dämpfungsmessungen herangezogen werden.

Bei den ersten unterrichtenden Versuchen an diesen Stoffen schied bereits eine Anzahl aus, die sich als nicht brauchbar erwies. Entweder war die Dämpfung zu niedrig oder es ergaben sich bleibende Verformungen.

Die endgültigen Versuche wurden an folgenden Stoffen durchgeführt, deren Kurzbezeichnungen von den Herstellerfirmen stammen:

V 18   )
(V 25)   ) Vulkollan-Sorten
V 30   )

FJ 50   )
KSEZ   )
(GJLX hell)) Gummi-Sorten
Hartgummi   )

Die in Klammern stehenden Stoffe (V 25) und (GJLX hell) sind in der Abbildung 36, die das Meßergebnis zeigt, nicht aufgenommen, da sich ihre Meßwerte zwischen V 18 und V 30 bzw. KSEZ und Hartgummi einordnen.

Genauere Angaben über die Zusammensetzung und Verarbeitung der vorstehend genannten gummielastischen Stoffe liegen zwar vor, dürfen aber auf Bitten der Herstellerfirmen nicht im Zusammenhang mit deren Kurzbezeichnungen genannt werden.

7.2 Durchführung der Messungen

Das Meßverfahren ist in 5.4 eingehend beschrieben. Danach wird die Dämpfung aus einer Resonanzkurve bestimmt. Die Halbwertsbreite dieser Kurve, also die Frequenzänderung Δf beim $1/\sqrt{2}$-fachen Maximalwert, bezogen auf die Resonanzfrequenz, ergibt die Dämpfung

$$\eta = \frac{\Delta f}{f_{res}}$$

Das System, das hierbei mit der Probe in Resonanz gerät, ist das Feder-Masse-System, bestehend aus der schwingenden Masse der Tauchspule im Schwingungserreger (Abb. 19) und der effektiven Masse der die Tauchspule haltenden zwei Blattfedern mit zusammen 140 gr und weiterhin der Masse des Meßwertgebers mit 30 gr. Die Masse des Probestückes (Meßgegenstand) ist dagegen klein und kann vernachlässigt werden.

Federnde Glieder im Feder-Masse-System sind einmal die erwähnten zwei Blattfedern und die Elastizität des Probestückes. Da die Dämpfung in den metallischen Teilen des schwingenden Systems im Verhältnis zur Dämpfung des Probestückes klein ist, kann sie, ebenso wie der Einfluß der Luft, vernachlässigt werden. Als dämpfendes Glied des Systems erscheint also nur die Materialdämpfung im Probestück (Meßgegenstand).

Gemessen wird die Dehnung des Probestücks, die bei Resonanz des Feder-Masse-Systems das Maximum durchläuft, in Abhängigkeit von der Frequenz und bei konstant gehaltener Kraft. Dabei werden die elektrischen Meßwerte der optischen Dämpfungsmeßeinrichtung aus der Anzeige des Outputmeters (Abb. 29) direkt aufgetragen. Die zeitliche Änderung der zugeführten Kraft entspricht einer Sinusschwingung. Ihr Scheitelwert wurde konstant gehalten. Aus der dem Schwingungserreger zugeführten elektrischen Leistung, die gemessen wurde, konnte der Zahlenwert der Kraft bestimmt werden. Die höchste Kraft, mit der die Untersuchungen durchgeführt wurden, betrug 1,2 kg. Eine größere Kraft konnte mit dem Schwingungserreger, der, wie oben erwähnt, der stärkste ist, der z.Zt. auf dem Markt zu erhalten ist, (Abb. 19), nicht aufgebracht werden. Die Untersuchungen wurden auch mit kleineren Kräften bis herunter zu 0,2 kg durchgeführt. Die Dämpfung änderte sich hierbei so wenig, daß die Abweichungen der Meßwerte für verschiedene Kräfte vom Streubereich überdeckt wurden.

Zur Bestimmung jeder Resonanzkurve mußten im Durchschnitt jeweils 30 Meßwerte gefahren werden, die auf den Flanken der Kurve besonders dicht liegen mußten. Beispiele solcher Meßreihen zur Bestimmung einer Resonanzkurve geben die Abbildungen 34 und 35.

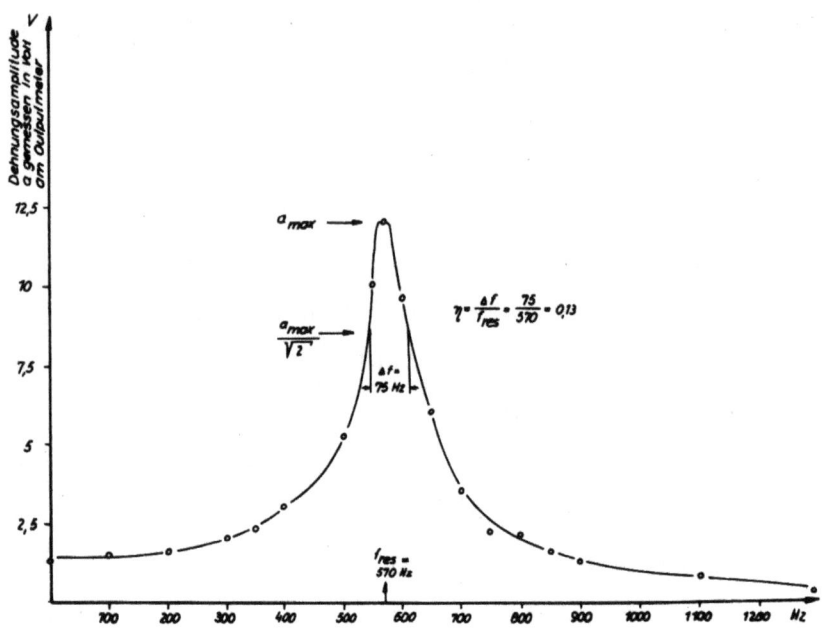

Abbildung 34

Meßprotokoll Nr. 112   Material: Vulkollan V 30
Länge: 60 mm
Durchmesser: 10 mm
Kraft: 1,2 kg, konstant

Da eine Reihe verschiedener Stoffe (s. 7.1) untersucht wurden, mußte zunächst festgestellt werden, ob bei den verschiedenen Stoffen eine Abhängigkeit der Dämpfung vom Durchmesser und der Länge bzw. dem Volumen vorhanden war. Es wurde festgestellt, daß das nicht der Fall ist.

Von jedem Stoff wurden Probestücke (Meßgegenstand) verschiedener Länge, und zwar von 4 bis 40 cm, und verschiedenen Durchmessers untersucht. Die Länge der Probestücke wurde von etwa 2 zu 2 cm abgestuft und damit jeweils die Resonanzkurve durchfahren. Ein Zusammenfallen der halben Wellenlänge der Longitudinalschwingungen mit der Länge der Probestücke mußte dabei vermieden werden. Der Durchmesser der Probestücke ergab sich aus der Bedingung, daß die innere Stabilität der Probestücke groß genug war, damit das Probestück unter Belastung nicht ausknickte.

7.3 Meßergebnisse

Die Auswertung aller Messungen ergibt den in Abbildung 36 dargestellten Verlauf der Dämpfung in Abhängigkeit von der Frequenz. Die Meßergebnisse sind in doppelt logarithmischem Maßstab aufgetragen. Dabei ergibt sich ein nahezu geradliniger Verlauf der Kurven.

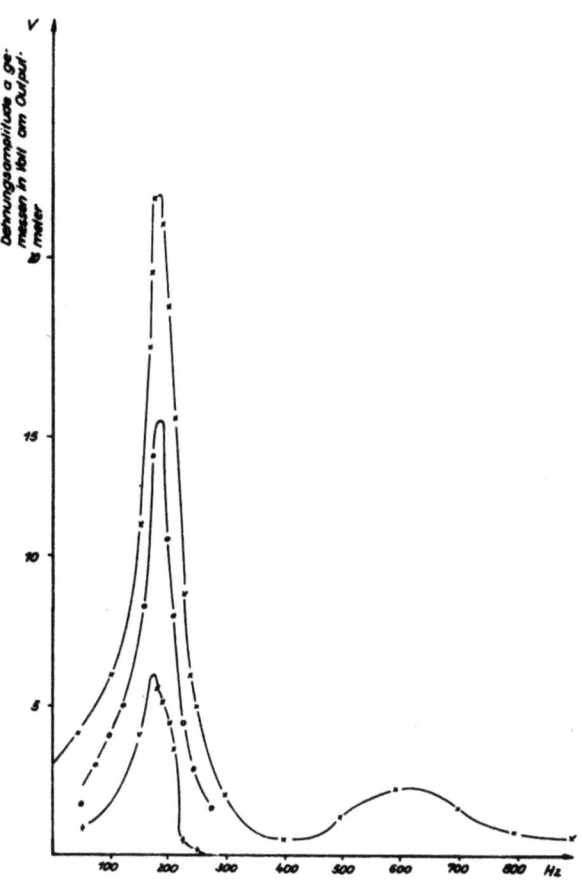

Abbildung 35

Meßprotokoll Nr. 37 Material: Gummi FJ 50
　　　　　　　　　　 Länge:　 109 mm
　　　　　　　　　　 Durchmesser: 25 mm
　　　　　　　　　　 Kraft: x———x 1,2 kg, konstant; $\eta = 0,22$
　　　　　　　　　　　　　　 o———o 0,6 kg,　　 "　　 ; $\eta = 0,26$
　　　　　　　　　　　　　　 +———+ 0,3 kg　　　 "　　 ; $\eta = 0,19$

Die Werte für die Dämpfung zwischen etwa 80 Hz und 1000 Hz wurden mit dem hier eingehend beschriebenen Meßverfahren 4 (s.Abschn. 5.4) ermittelt.

Die Werte für die Dämpfung bei niedrigen Frequenzen 0,1 bis 1,5 Hz wurden mit Hilfe des bekannten Meßverfahrens durch Torsionsschwingungen ermittelt. Da dieses Verfahren an anderer Stelle [40] eingehend beschrieben ist, erübrigt es sich, hier näher darauf einzugehen.

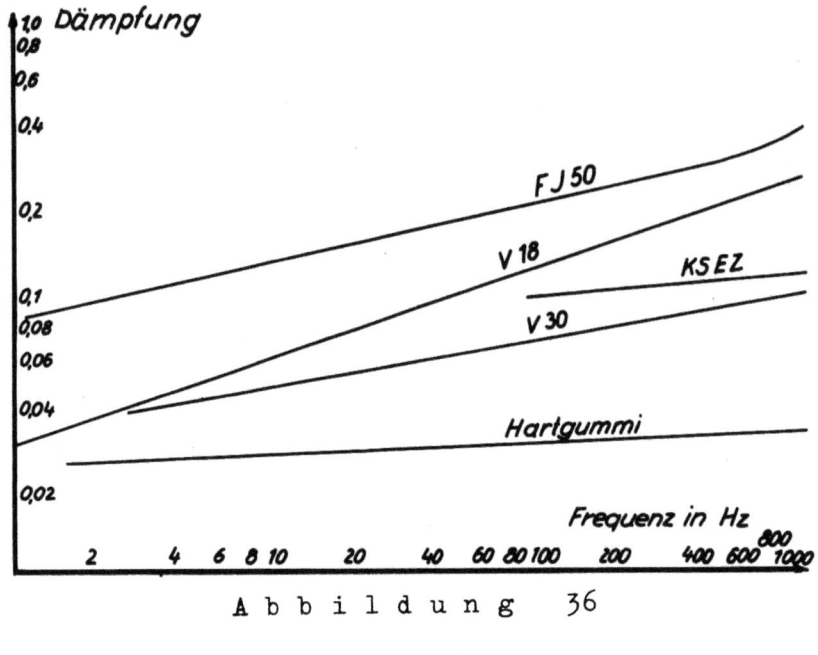

Abbildung 36

Meßergebnisse

8. Zusammenfassung der Untersuchungsergebnisse

8.1
Aus dem großen auf dem Markt befindlichen Angebot von gummielastischen Stoffen (natürliche und künstliche) scheidet für die Verwendung als Dämpfungselemente an schlagenden Werkzeugen der größte Teil aus, da die Stoffe bestimmten Bedingungen mit Bezug auf Festigkeit und sonstigen Eigenschaften, wie Verschleißfestigkeit und Alterungsbeständigkeit, genügen müssen.

8.2
Gummi- und Vulkollansorten etwa gleicher Weichheitszahl, die sich durch entsprechende Füllung erzielen läßt, erreichen etwa dieselben Dämpfungswerte.

8.3
Die Dämpfung ist umso größer, je weicher der Stoff ist. Diese weicheren Sorten sollten bevorzugt werden, soweit es die sonstigen Eigenschaften (s.Abschn. 8.1) und die größeren Federwege zulassen.

8.4
Die Dämpfung steigt mit der Frequenz der erregenden Kräfte an, d.h. höhere Frequenzen werden stärker gedämpft als niedere.

8.41

Aus den von anderer Seite ermittelten Ergebnissen von Messung der Dämpfung in Abhängigkeit von der Temperatur und der Frequenz als Parameter ist das gleiche typische Ansteigen der Dämpfung mit der Frequenz ersichtlich.

8.5

Das Maximum der Dämpfung wird von den hier in Frage kommenden Stoffen in dem Temperaturbereich, in dem sie im allgemeinen eingesetzt sind (Einsatztemperatur = Raumtemperatur), nicht erreicht.

8.51

Der Temperaturbereich, in dem das Maximum der Dämpfung auftritt, liegt nach Abschnitt 4.2 bei Temperaturen unter der Raumtemperatur. Bei diesen ist eine um das Mehrfache höhere Dämpfung zu erwarten.

8.52

Stoffe, bei denen das Maximum der Dämpfung etwa bei der Umgebungstemperatur liegt, sind bekannt:

    z.B. Lupolen H, ein Polyäthylen

        Palatal PF, ein Polyester

        Polyvinylchlorid mit Trikresylphosphat als Weichmacher.

Diese scheiden wegen ihrer hier nicht genügenden sonstigen Eigenschaften (s.Abschn. 8.1) aus und sind daher nicht weiter untersucht worden.

                                        Prof. Dr.-Ing. Ludolf ENGEL

                                        Dr.-Ing. Jochen FOERSTER

Forschungsberichte des Wirtschafts- und Verkehrsministeriums Nordrhein-Westfalen

Literaturverzeichnis A

[1]	KUHN, F. und SCHEFFLER, H.	Arbeitsphysiologie 15 /1951/ 277
[2]	SCHEFFLER, H.	Die Bergbauwissenschaften 3 /1956/ 6
[3]	LEHMANN, G.	Vortrag 1956 Clausthal (nicht veröffentlicht)
[4]	LAARMANN, G.	Der Preßluftschaden. Leipzig 1944
[5]	NIELSEN, L.E.	Rev.Sci.Instrum. 22 /1951/ 690
[6]	JENKEL, E. HERTIG, H. und KLEIN, E.	Z. Naturforsch. 8a /1953/ 255
[7]	WOLF, K.	Kunststoffe 41 /1951/ 2
[8]	NOLLE, A.W.	I. Polymer Sci. 5 /1950/ 1
[9]	JENKEL, E. und ILLERS, K.-H.	Z. Naturforsch. 9a /1954/ 440-450
[10]	BECKER, G.W.	Kolloid-Z. 140 /1955/ 1
[11]	JENKEL, E.	Kolloid-Z. 134 /1953/ 47
[12]	KOPPELMANN, I.	Kolloid-Z. 144 /1955/ 12
[13]	SCHMIEDER, K.	(Hinweis, unveröffentlicht)
[14]	GELLING, H.	Dissertation 1938
[15]		DIN 53 510
[16]		DIN 53 511, Bl. 1 - 4
[17]	ECKER, R.	Schw.Arch. 20 /1954/ 291
[18]		DIN 53 503
[19]		ATM V 8276 - 3
[20]		DIN 53 504, Bl. 1 - 2
[21]	HERZOG, R.	Schw.Arch. 20 /1954/ 241
[22]	REECE, W.H.	Trans.Inst.Rubber Ind. 11 /1953/ 312
[23]		DIN 53 507
[24]		ATM V 8276 - 4

[25]	ECKER, R.	Kautschuk und Gummi $\underline{5}$ WT /1952/ 97
[26]		DIN Vor-Norm 50 320
[27]		DIN Vor-Norm 50 321
[28]		DIN Vor-Norm 50 330
[29]		DIN-Norm 50332
[30]		DIN-Norm 53 516
[31]		VDI-Forschungsheft 449
[32]	JENKEL, E.	Kunststoffe $\underline{40}$ /1950/ 38
[33]	SANTEN van, G.W.	Mechanische Schwingungen Philip's Technische Bibliothek 1953
[34]	BAYER, O.	Angew. Chemie $\underline{62}$ /1950/Nr.3
[35]	OEHLER, E.	Technische Schwingungslehre Essen 1952, besonders S. 68 ff.
[36]	FOERSTER, J.	Vortrag 1955, Clausthal (nicht veröffentlicht)
[37]	GLOECKNER, M.H.	Oszillographische Aufnahmen von Rückschlagkräften am Preßlufthammer (unveröffentlichte Meßergebnisse)
[38]	ENGEL, L. und SCHMIDT, D.	Die Bestimmung der Bewegungsverhältnisse von Abbauhämmern aus der Druckindizierung Die Bergbauwissenschaften $\underline{4}$ /1957/3-11
[39]	BECKER, G.W. und OBERST, H.	Über das dynamisch-elastische Verhalten linearer, vernetzter und gefüllter Kunststoffe Kolloid-Z. $\underline{148}$ /1956/ 6
[40]	FOERSTER, J.	Untersuchung der Dämpfung an gummielastischen Stoffen bei deren Anwendung als Dämpfungselemente Dissertation 1956 Bergakademie Clausthal

Literaturverzeichnis B

Weitere, in der Abhandlung nicht erwähnte Literatur

KOEPPEN, S.	VDI-Z. 97 /1956/ 1056
NOLL, W.	Umschau 55 /1955/ 353
TRELOAR, L.R.G.	The Physics of Rubber Elasticity London 1949
	DIN 53 513
IVEY, D.G., MROWCA B.A. und GUTH, E.	J. Appl. Phys. 20 /1949/ 486
NOLLE, A.W. und MOWRY, S.C.	J. Aconst.Soc.Am. 20 /1948/ 486
HEYDEMANN, P.	(Persönl. Mitteilung, unveröffentlicht)
NOLLE, A.W.	J. Appl. Phys. 19 /1948/ 753-774
JENKEL, E.	Kolloid-Z. 136 /1954/ 142-152
NIELSEN, L.E., BUCHDAHL, R. und LEVRAULT, R.	J. Appl. Phys. 21 /1950/ 607
SCHMIEDER, K. und WOLF, K.	Kolloid-Z. 127 /1952/ 65
BARONE, A. und GIACOMINI, A.	Acustica 4 /1954/ 182
STOLTE, E.	Konstruktion 8 /1956/ 60-65
PUNGS, L.	Grundzüge der Hochfrequenztechnik Wolfenbüttel 1948, 2. Aufl.
HECHT, H.	Schaltschemata und Differential- gleichungen elektrischer und mecha- nischer Schwingungsgebilde. Leipzig 1954, 3. Aufl.
SPÄTH, W.	Der Schlagversuch in der Werkstoff- prüfung, Stuttgart 1957

FORSCHUNGSBERICHTE DES WIRTSCHAFTS- UND VERKEHRSMINISTERIUMS NORDRHEIN-WESTFALEN

Herausgegeben von Staatssekretär Prof. Dr. h. c. Dr. E. h. Leo Brandt

BERGBAU

HEFT 16
Max-Planck-Institut für Kohlenforschung,
Mülheim a. d. Ruhr
Arbeiten des MPI für Kohlenforschung
1953, 104 Seiten, 9 Abb., DM 17,80

HEFT 25
Gesellschaft für Kohlentechnik mbH., Dortmund-Eving
Struktur der Steinkohlen und Steinkohlen-Kokse
1953, 58 Seiten, DM 11,—

HEFT 30
Gesellschaft für Kohlentechnik mbH., Dortmund-Eving
Kombinierte Entaschung und Verschwelung von Steinkohle; Aufarbeitung von Steinkohlenschlämmen zu verkokbarer oder verschwelbarer Kohle
1953, 56 Seiten, 16 Abb., 10 Tabellen, DM 10,50

HEFT 31
Techn. Überwachungsverein e. V., Essen
Messung des Leistungsbedarfs von Doppelsteg-Kettenförderern
1954, 54 Seiten, 18 Abb., 3 Anlagen, DM 11,—

HEFT 40
Amt für Bodenforschung, Krefeld
Untersuchungen über die Anwendbarkeit geophysikalischer Verfahren zur Untersuchung von Spateisengängen im Siegerland
1953, 46 Seiten, 8 Abb., DM 8,80

HEFT 58
Gesellschaft für Kohlentechnik mbH., Dortmund-Eving
Herstellung und Untersuchung von Steinkohlenschwelteer
1954, 74 Seiten, 9 Abb., 9 Tabellen, DM 13,75

HEFT 120
Dipl.-Ing. A. Weisbecker, Lüdenscheid
Über Anfressung an Reinstaluminium-Schweißnähten bei der elektrolytischen Oxydation
Gebr. Hörstermann GmbH., Velbert
Entwicklung und Erprobung eines neuartigen Gummibandförderers
1955, 46 Seiten, 18 Abb., DM 9,70

HEFT 123
Dipl.-Ing. J. Emondts, Aachen
Über Bodenverformungen bei stark gestörtem und mächtigem, wasserführendem Deckgebirge im Aachener Steinkohlengebiet
1955, 196 Seiten, 37 Abb., 10 Tabellen, DM 28,80

HEFT 139
Prof. Dr. W. Fuchs †, Aachen
Studien über die thermische Zersetzung der Kohle und die Kohlendestillatprodukte
1955, 64 Seiten, 20 Abb., 22 Tabellen, DM 11,80

HEFT 179
Dipl.-Ing. H. F. Reineke, Bochum
Entwicklungsarbeiten auf dem Gebiete der Meß- und Regeltechnik
1955, 46 Seiten, 10 Abb., DM 10,—

HEFT 248
Rheinische Aktiengesellschaft für Braunkohlenbergbau und Brikettfabrikation, Köln
Untersuchung der Bindemitteleigenschaften von Braunkohlenfilteraschen
1956, 176 Seiten, 26 Abb., 30 Tabellen, DM 35,60

HEFT 252
Dipl.-Ing. H. Frings, Geilenkirchen
Die Wirkung abfallender Wetterführung auf Wettertemperatur, Grubengasgehalt und Staubbildung
1957, 118 Seiten, 15 Abb., 23 Tabellen, z. T. auf großformatigen Falttafeln, DM 35,70

HEFT 253
Dipl.-Ing. S. Schirmanski, Berghausen
Stand und Auswertung der Forschungsarbeiten über Temperatur- und Feuchtigkeitsgrenzen bei der bergmännischen Arbeit
1957, 70 Seiten, 24 Abb., 12 Tabellen, DM 17,10

HEFT 258
Dr. H. Paul, Linz (Rhein) und Prof. Dr. O. Graf, Dortmund
Zur Frage der Unfälle im Bergbau
1956, 52 Seiten, 9 Abb., 22 Tabellen, DM 11,20

HEFT 269
Markscheider R. Bals, Bochum
Eignung des Gebirgsankerausbaus zur Erleichterung des Streckenvortriebs im Steinkohlenbergbau
1956, 84 Seiten, 41 Abb., DM 18,75

HEFT 337
Dr. R. Hoeppener und Dr. W. Bierther, Bonn
Tektonik und Lagerstätten im Rheinischen Schiefergebirge
1957, 66 Seiten, 14 Abb., DM 16,25

HEFT 343
Prof. Dr.-Ing. W. Petersen und Dipl.-Ing. S. Wawroschek, Aachen
Die zweckmäßigsten Gütebestimmungsverfahren und Brikettierungsbedingungen bei der Erzeugung von Braunkohlen-Eisenerz-Briketts
1956, 64 Seiten, 28 Abb., DM 13,95

HEFT 346
Dipl.-Ing. O. Arnold, Aachen
Erfahrungen mit Kernbohrungen zur Lagerstättenuntersuchung im Erzbergbau
1957, 36 Seiten, 2 Abb., 3 Falttafeln, 7 Tabellen, DM 8,80

HEFT 352
Dipl.-Ing. H. Fauser, Aachen
Fahrdynamik und Batterie-Arbeitsverbrauch von Akkumulatorenlokomotiven im Untertagebetrieb
1957, 152 Seiten, 50 Abb., 27 Diagramme, DM 36,10

HEFT 374
Dr. E. Paproth, Krefeld
Paläontologische Bearbeitung der in den devonischen Schichten des Siegerlandes enthaltenen Faunen
1957, 38 Seiten, 3 Tabellen, DM 8,30

HEFT 399
Prof. Dr. habil. H. E. Schwiete und Dr.-Ing. R. Vinkeloe, Aachen
Möglichkeiten der quantitativen Mineralanalyse mit dem Zählrohrgerät unter besonderer Berücksichtigung der Mineralgehaltsbestimmung von Tonen
1958, 102 Seiten, 34 Abb., 1 Tabelle, DM 26,70

HEFT 477
Sozialforschungsstelle an der Universität Münster zu Dortmund
Beiträge zur Soziologie der Gemeinden. Teil I:
Dr. K. Utermann, Dortmund
Freizeitprobleme bei der männlichen Jugend einer Zechengemeinde
1957, 56 Seiten, DM 12,75

HEFT 478
Prof. Dr.-Ing. habil. W. Petersen und Dr.-Ing. S. Wawroschek, Aachen
Brikettierungsversuche zur Erzeugung von Möllerbriketts unter Verwendung von Braunkohle
1957, 102 Seiten, 42 Abb., 6 Tabellen, DM 24,25

HEFT 484
Prof. Dr. phil. habil. H. E. Schwiete und Dr. G. Franzen, Aachen
Beitrag zur Struktur des Montmorillonit
1958, 76 Seiten, 23 Abb., DM 22,-

HEFT 490
Hauptstelle für Staub- und Silikosebekämpfung des Steinkohlenbergbauvereins, Essen-Rüttenscheid
Zur Staub- und Silikosebekämpfung im Steinkohlenbergbau
1958, 90 Seiten, 47 Abb., 7 Tabellen, DM 26,20

HEFT 502
Prof. Dr. M. Diem und Dr. R. Trappenberg, Karlsruhe
Berechnung der Ausbreitung von Staub und Gas
1957, 18 Seiten Text und 67 z. T. großformatige zweifarbige Diagramme, DM 37,30

HEFT 518
Dr.-Ing. H. Scheffler, Dortmund
Funktionelle Zusammenhänge der dynamischen Einflußgrößen beim handgeführten Druckluft-Abbauhammer und ihre Berücksichtigung für die Konstruktion rückstoßarmer Hämmer
1958, 124 Seiten, 68 Abb., 11 Tabellen, DM 34,65

HEFT 522
Dr.-Ing. J. Lorentz, Bonn und
Dr.-Ing. K. Brocks, Mülheim/Ruhr
Elektrische Meßverfahren in der Geodäsie
1958, 108 Seiten, 49 Abb., 5 Tabellen, DM 28,—

HEFT 534
Oberbergamtsdirektor H. Sanders, Dortmund
Seismische Forschungsarbeiten im Ostteil des Grubenfeldes König Ludwig

HEFT 545
Prof. Dr. phil. habil. H. E. Schwiete, Dr. rer. nat. G. Ziegler und Dipl.-Ing. Ch. Kliesch, Aachen
Thermochemische Untersuchungen über die Dehydration des Montmorillonits
1958, 48 Seiten, 16 Abb., 4 Tabellen, DM 15,40

HEFT 559
Prof. Dr. phil. habil. H. E. Schwiete und Dipl.-Chem. R. Gauglitz, Aachen
Die Verflüssigung von Montmorillonitschlämmen
1958, 66 Seiten, 15 Abb., 5 Tabellen, DM 19,30

HEFT 562
Prof. Dr.-Ing. H. Schenck, Prof. Dr. phil. habil N. G. Schmahl und Dr.-Ing. G. Funke, Aachen
Die Reduzierbarkeit von Eisenerzen

HEFT 575
Prof. Dr. phil. habil. C. Kröger, Aachen
Verkokungsverhalten der Steinkohlenmacerale und ihrer Mischungen
1958, 58 Seiten, 18 Abb., 19 Tabellen, DM 18,70

HEFT 580
Prof. Dr.-Ing. A. Götte und Dipl.-Chem. G. Scholz, Aachen
Unterstützung der Entwässerung von Feinkohle durch chemische Hilfsmittel
in Vorbereitung

HEFT 603
Prof. Dr.-Ing. L. Engel und Dr.-Ing. J. Foerster, Clausthal-Zellerfeld
Gummielastische Stoffe als Dämpfungselemente an schlagenden Werkzeugen

HEFT 625
Prof. Dr.-Ing. habil. W. Petersen und Dr.-Ing. S. Wawroscheck, Aachen
Brikettierungsversuche zur Erzeugung von Möllerbriketts für die Schwelverhüttung

HEFT 665
Dr. phil. habil. R. Köhler, Dr.-Ing. W. Ostermann, Bochum
Geräuschuntersuchungen an Druckluftmotoren
in Vorbereitung

HEFT 686
Dr.-Ing. D. Wartenberg, Clausthal-Zellerfeld
Untersuchungen über die Stromzuführung und den elektrischen Antrieb beim Vermessungskreisel
in Vorbereitung

Wir liefern Ihnen gern auf Anfrage die Verzeichnisse anderer Sachgebiete.

MIX
Papier aus verantwortungsvollen Quellen
Paper from responsible sources
FSC® C105338

If you have any concerns about our products,
you can contact us on
ProductSafety@springernature.com

In case Publisher is established outside the EU,
the EU authorized representative is:
Springer Nature Customer Service Center GmbH
Europaplatz 3, 69115 Heidelberg, Germany

Printed by Libri Plureos GmbH
in Hamburg, Germany